1
2
3
4
5

11
10
9
8
7

世界冰冷，哲学是篝火

愚木混株　绘

半糖不加冰　著

中国妇女出版社

图书在版编目（CIP）数据

世界冰冷，哲学是篝火 / 愚木混株绘；半糖不加冰著. -- 北京：中国妇女出版社，2024.3
ISBN 978-7-5127-2324-5
Ⅰ. ①世… Ⅱ. ①愚… ②半… Ⅲ. ①人生哲学－通俗读物 Ⅳ. ①B821-49
中国国家版本馆CIP数据核字（2023）第191994号

选题策划：悦风文化
责任编辑：门　莹　王琇瑾
装帧设计：丁小丁
责任印制：李志国

出版发行：中国妇女出版社
地　　址：北京市东城区史家胡同甲24号　　邮政编码：100010
电　　话：（010）65133160（发行部）　　65133161（邮购）
网　　址：www.womenbooks.cn
邮　　箱：zgfncbs@womenbooks.cn
法律顾问：北京市道可特律师事务所
经　　销：各地新华书店
印　　刷：吉林省吉广国际广告股份有限公司

开　　本：130mm × 185mm　1/32
印　　张：8.25
字　　数：160千字
版　　次：2024年3月第1版　　2024年3月第1次印刷
定　　价：59.00元

人生就像迷宫，

停留在原地，你只能看到面前的障碍；

只有往高处站，往远处看，

才能知道身处的通道外还有那么多的选择，

才能真正找到属于自己的那个出口。

不用为自己的脆弱感到难堪，

偶尔的心碎、哭泣、逃避都没关系，

爱你的人，这些都可以接住。

成年人和这个世界默认的约法三章是：

自己做决定，自己想办法，自己承担后果。

杯子

冥王星本来是太阳系九大行星之一，

直到 2006 年科学家把它除名，并重新定义它是一颗矮行星。

但冥王星还是继续绕着太阳转，

它根本就不在乎别人是怎么看它的，

冥王星很棒，学学冥王星。

思考者

堡垒

前言

夜幕降临以后，每个人都是哲学家，但只有少数人意识到这一点。

每个门卫都是哲学家，他每天都在问："你是谁？从哪里来？到哪里去？"

唐僧说："这题我会。贫僧自东土大唐而来，去往西天拜佛求经。"

知道自己是谁、从哪里来、要到哪里去的人，是真的了不起。

每个打工人都是哲学家，他们也有自己的"哲学三问"："人为什么要上班？中午和谁一起吃？早睡早起为什么这么难？"

每个"吃货"都是哲学家。

培根说："知识就是力量。"

"吃货"点头如捣蒜："对，芝士就是力量。培根也好吃。"

你看，如果以更宽广的哲学眼光去看待生活，生活真的可以一笑而过。

有人说，这是一个适合读马可·奥勒留的时代：“我们听到的一切都是一个观点，不是事实；我们看到的一切都是一个视角，不是真相。”

有人说，这是一个适合读尼采的时代：“一个人知道自己为什么而活，就可以忍受任何一种生活。”

有人说，这是一个适合读加缪的时代：“真正的救赎，并不是厮杀后的胜利，而是能在苦难之中找到生的力量和心的安宁。”

我们一生都在寻找生活的意义，但生活仍无法给我们确定的答案。

我们只想获得简单的幸福，但获得简单的幸福是最难的。

我们生来似乎就自带一种有任务没完成的焦虑感。

这时哲学家告诉你：当问题没有唯一正确解答的时候，每一个活在当下，享受生活本身或成为更好自己的选择，就成了最优解。也就是说，我们还可以临摹关于希望、关于爱、关于幸福最具体的模样，是它们给了我们不再需要唯一确定性的勇气。

如果你依然很懵懂，这本书还准备了100多幅原创哲思插画。这些插画既不会过于浅显以至在脑海中“阅后即焚”，又不会太过复杂而让你放弃理解，它们提供了一个合适的理解区间，有趣的同时又不乏思考。

当下似乎总是令人不满，因为生活本身就令人不满……而这本书试着找出理由，来解释为什么生活虽然既悲惨又令人不满，但依然值得一过。

你会经历很焦虑但也收获最多的一年。

然后你会懂得，能快乐的话，就要趁早。不然等 80 岁再去圆 18 岁想去坐过山车的梦，工作人员都未必敢让你上去。去尝试各种有趣的事物，去逐梦，去后悔，去寻找自我的边界，在差不多的人生当中，要抓住当下每个闪闪发光的时刻。

你会经历很容易走散但也学会珍惜的一年。

然后你会懂得，人和人之间有过那么一个时刻就够了。爱过，心动过，曾经好过，有那么一个美好的瞬间，剩余的阴霾都可以忽略不计。总是记得那些不好的事情，只会徒增悔恨与烦恼。

你会经历很敏感但也很勇敢的一年。

然后你会懂得，上天给了你敏感的触角是让你体验世界，不是让你自我折磨的，你值得被好好对待。那些无法言说的至暗时刻，一场场不为人知的暴风雨，一些被打碎而后重建的观念，是成长的必修课。静待它过去，你会成为更丰满、更平和的大人。

你会经历伤得很痛但也活得痛快的一年。

然后你会懂得，如果你对某件事的结束感到悲伤，那就说明这件事的过程一定非常美好。如果你足够勇敢，就会发现结局未必悲伤，那只是意味着下一件美好事情即将开始。

你会经历人生中最难也是最棒的一年。

然后你会懂得，幸福不是拼命爬到山顶，也不是在山下漫无目的地游逛，幸福是向山顶努力攀登过程中的种种经历和感受。

有些事情就是纯体验性的，没有必要把自己的人生规划得处处盈利、满手胜利果实。有些事情就是美在途中的挥发，也因为这个挥发而纯粹。

既然怎么选都可能后悔，不如选自己喜欢的。

如果我今天过得真心实意，明天后悔又有什么关系呢？

人生就是一场盛大的遇见：满怀热情地见天地，不卑不亢地见众生，返璞归真地见自己。

积极地经历生活浪漫的一面，浪漫地经历生活较为粗鄙的一面，人生就更美好一点。

有小情绪的时候，洗个热水澡，做个糖果味的梦。一觉醒来，还有好多事情要去做，好多美味要去吃，好多人要遇见。

寂静之声

做出某些放弃说明我们愿意面对真实的自我，它最初可能是痛苦的，但在最后会是一种保护，以对抗自我欺骗带来的失望和幻灭。

——

罗素

放弃，往往是你在最坏处境的时候能做的最好的选择。

你要敢于同讨厌的东西说再见：一份工作让你感到不满，你可以辞掉它；一个人让你感到痛苦，你可以离开他；一件事让你感到困惑，就去做另一件事。

不要跟倒霉事纠缠。总想弥补损失或回到从前，只能消耗精力，让你看不到其他美好。

任何你突然放弃的事物和人，一定是积累了太多太久的无力和失望。你发现自己坚持得很不快乐，于是你终于放过了自己，挑一个风和日丽的下午，裹了件最常穿的大衣，出了门，就再也没有回来过。

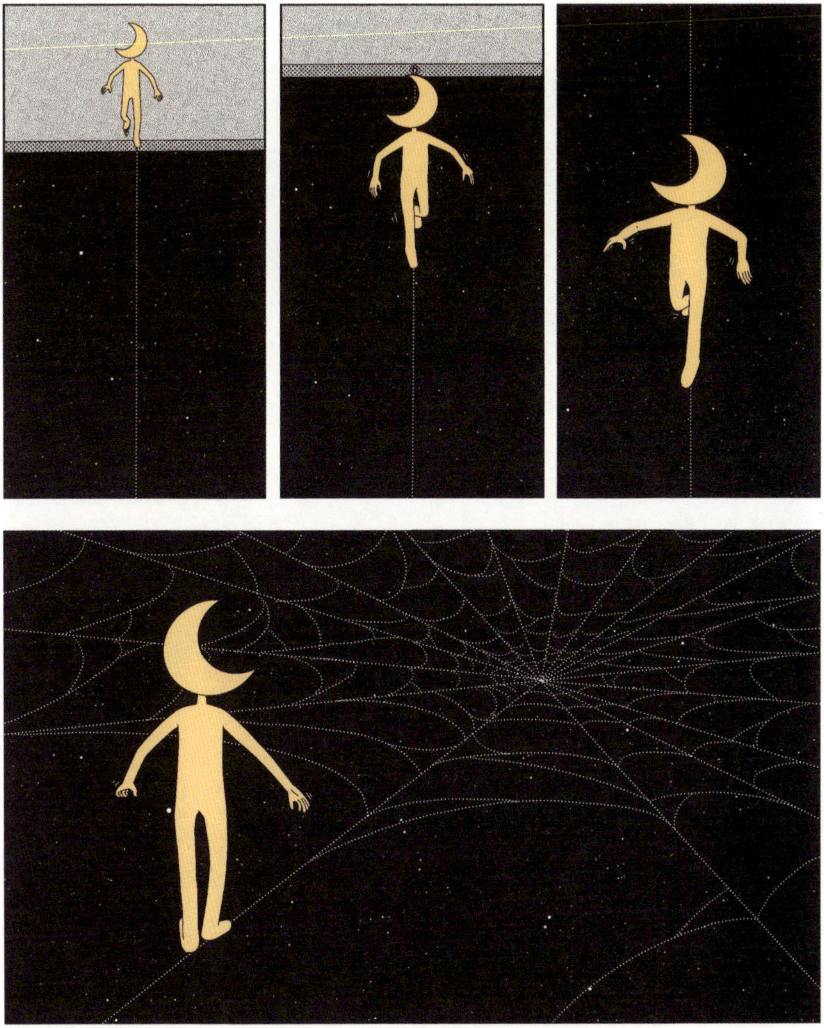

达瓦孜

只有那些躺在坑里从不仰望高空的人，才不会再掉进坑里。

——

黑格尔

不要因为做错一件事就失去继续做其他事的勇气。没关系的，真的。

顺风顺水地赢一次没有多少价值，从中学到的东西也有限。但结结实实失败一次，并且在过程中耗尽浑身解数想要扭转或者缓解一点局面，其中的任何一点努力，以及这点努力对应的成果都弥足珍贵。

大多数时候，人们需要在局面不利于自己、条件并不完备、自身没有准备好的情况下投入战斗，这种战斗需要经验。一次结结实实的失败刚好能提供获取这种经验的机会，而且得到的经验可以运用到整个人生历程。

观天

我可以否认一样东西，但不一定非得诋毁它，或者剥夺别人相信的权利。

——

加缪

一个“烫”知识：当着对方的面贬低对方喜爱的事物是一种非常败好感的行为。

我喜欢吃米线，但我不会否定乌冬面；我喜欢吃大米饭，但我不会否定小米粥。我不喜欢吃苦瓜，但不认为别人应该讨厌它；我受不了螺蛳粉的味道，但不认为它应该消失。

我很不喜欢一些人一提到自己不喜欢的食物，就说：“这是人吃的东西吗？”

以自己的喜好去评判别人的热爱既不公平，也很刻薄。

我不喜欢的东西，你可以喜欢；我不同意你的看法，不代表我恨你。我们都需要重新学习这一点。

剪断

使人们宁愿相信谬误，而不愿热爱真理的原因，不仅由于探索真理是艰苦的，而且是由于谬误更能迎合人类某些恶劣的天性。

——

培根

人类真是一种善于自我欺骗的生物。做了噩梦，就愿意接受“梦是反的”这个说法，做了好梦就一副预知了未来的样子。

我们总是愿意相信那些支持自己内心想法的观点，排斥那些与自己思想相悖的观念。总把不明、暧昧的举动当作“他喜欢我”的信号，而忽略那些“他对我没兴趣”的行为。

如果一个人不打电话给你，那他就是真的不想给你打电话。如果一个人对你好像毫不在乎，那就是真的毫不在乎。毫无例外。

Nevermind

请注意！我们要诚实地承认我们的爱好和反感，并且要阻止自己根据道德的色彩盆来给它们涂脂抹粉。

——

尼采

讨厌的东西不能说讨厌，喜欢的东西不能说喜欢，这样的人生真是太没意思了。

外界可以干扰到你的，都源于你身体里那些还没有对自己诚实的部分。

要想活得神清气爽，一定要学会表达“不适感”，而且这个不适的唯一判断标准就是你的感受，别人怎么说不用管，不爽就要直接提出来。

不要动不动就质疑自己是不是太过敏感或者想太多，被冒犯的人不必承担原谅和内耗的责任。

我们都坦然一点不好吗？喜欢就说喜欢，不喜欢就说不喜欢，做错事就诚恳地道歉。时间那么宝贵，可不能在奇奇怪怪的问题上消磨自己。

我坐在生活之上，就像一个差劲的骑手骑在马上。我现在还未被甩出去，这只能归功于马的好脾气。

——

维特根斯坦

生活的狡猾之处就在于，它会在给你一顿连环耳光之后突然亲你一口，确保你还能活着继续挨它的耳光。所以往好了想，如果你现在正在疯狂被扇，那么很快它就要亲你了，再坚持一下。

不管你现在多么沮丧，请你回头看一看，你已经走了很远的路。你在千万次艰难里想放弃，但每次都选择了不放弃，所以你才会在这里。

你真的很棒，你已经从所有那些你认为不会过去的事情中幸存下来，并且当时的每个人都以为你“没事”。

为自己感到骄傲吧！“尽管眼下十分艰难，可日后这段经历说不定就会开花结果。”

地震

无需赤热的烤架，地狱就是他人。他们可以通过观念的灌输，把你烤得迷迷糊糊。

——

萨特

人真的很奇怪，好像没有别人来证明自己，就看不到自己的价值。

从长远来看，一个积极的评价和一个消极的评价一样，都具有威胁性。你告诉一个人他是好样儿的，同时也就暗示着你也有权利批评他是糟糕的。

所以，不要因为别人的一句话，而丢掉了一整天的快乐。

那么如何面对别人对你的评价？

1. 你有错吗？

有错跳到 4，没错跳到 2。

2. 他有病吗？

如果指责别人是他的癖好，跳到 3，否则跳回 1 反思。

3. 他不喜欢你也没关系，这是很正常的事情，毕竟大家都是在不停地相遇和分别的过程里找到真正志同道合的人。祝他未来一切都好，失去我是他的遗憾。

4. 知错能改，你最可爱。

无尽路之一

无尽路之二

人是轻信的动物，人必须相信一些什么。在没有好的理由可以相信的时候，人便满足于相信糟糕的理由。

——

罗素

跟迷了心窍的人讲道理是没用的，即使知道机会渺茫，他们也会在心里生出一句“万一呢”。

你跟她讲，他没联系你就是不喜欢你，别等了，她想万一他慢热呢？你跟他讲买彩票不可能发财的，他想万一呢？

人们总是舍不得放弃相信自己愿意看到的局面，偏要等到片尾曲都播完了，才肯相信真的没有彩蛋。

凡是符合本性的事情，就都值得去说，值得去做。不要受责备或流言的影响。如果你认为说得对、做得好，那你就不要贬低自己。别人有别人的判断方式，有自己的特殊倾向，不要去理会他们。

——

马可·奥勒留

你想看书，别人偏要拉你打游戏，话里带刺夸你真用功；你想吃清淡餐，他们非得去吃麻辣火锅，还嘲笑你年纪轻轻却要养生。

把自我感觉建立在别人的看法上，就等于把自尊心交到他们手上任其摆布。如果你的想法引来的是不屑和嘲讽，那么不必刻意迎合，坚持自己就好。

如果决意去做一件事情，就不要再问别人值不值得，心甘情愿才能理所当然，理所当然才会义无反顾。

面对生活，每个人都在临场发挥。做你觉得是对的事情，然后接受它的事与愿违。

逆行

站在一千英尺高的悬崖边，我们会感到焦虑，并非由于存在失足的危险，而是因为拥有一跃而下的自由。

——

克尔凯郭尔

在一个到处都是瓦斯的地方，任何一点火花都可能引起爆炸。

人类有很强烈的“明知故犯”心理：都知道油炸食品不健康，但不影响我们去吃；都知道晚睡不好，同样不影响我们偶尔主动熬夜。

知道什么对，什么错，什么该，什么不该，然后能严格执行并且从不过界的人通常不是泛泛之辈。

普通的我们唯一能做的，或许就是尽量控制那些不应触及的“明知故犯”。

一开始便习惯性规避可能将自己陷于深渊的事情。如果避之不及，那就要有长痛不如短痛的决心。与其后来遍体鳞伤，不如及早抽身而退。

我们听到的一切都是一个观点，不是事实；我们看到的一切都是一个视角，不是真相。

—

马可·奥勒留

在博物馆看到石器和陶器时，往往意识不到当时社会其实更普遍使用的是木器，只是木器太容易腐朽才没有留存下来。

人们用看见的部分去命名一个时代，就像人们以为看见的部分就是世界的真相。

所谓罗生门事件，之所以各说各有理，是因为角度不同，并非简单的对错可以评判。

不要把自己当成标准答案，试图去测验这个世界。

但愿我们能时时提醒自己：我看到的，比我理解到的多；我看不到的，比我看到的多。所有简单粗暴的评判，只不过是我对我内心投射的批判罢了。

但愿我们能时时察觉：当我觉得别人不好，很多时候仅仅是因为，别人和我不同。

在你立足处深挖下去就会有泉水涌出。别管蒙昧者们叫嚷：“下边永远是地狱！”

——

尼采

很多人最爱做的事，就是告诉你“你所有想做的事情都是错的”，还会在你跌倒后第一时间找到你说“早跟你讲过了，干吗还要做呢”。

但你反问“那我应该怎么做”的时候，他们又会突然变得沉默，接着永远是那句让人闻风丧胆的“我是为你好”。

目光短浅，是人的本能。人们很难想象没有经验过的事物。有些人因为相信而看见，而有些人只会看见才相信，于是人生的可能性，仅仅局限于看到的几处小山丘。

仔细想想，我们走出人生中几乎所有关键性步骤时，都是在一种难以觉察的情况下顺应内心的结果。

生活方式该是自己主动的选择，而不是一种被动的跟风。小张想“C位”出道，小胡想早点下班，他们都有光明的未来。

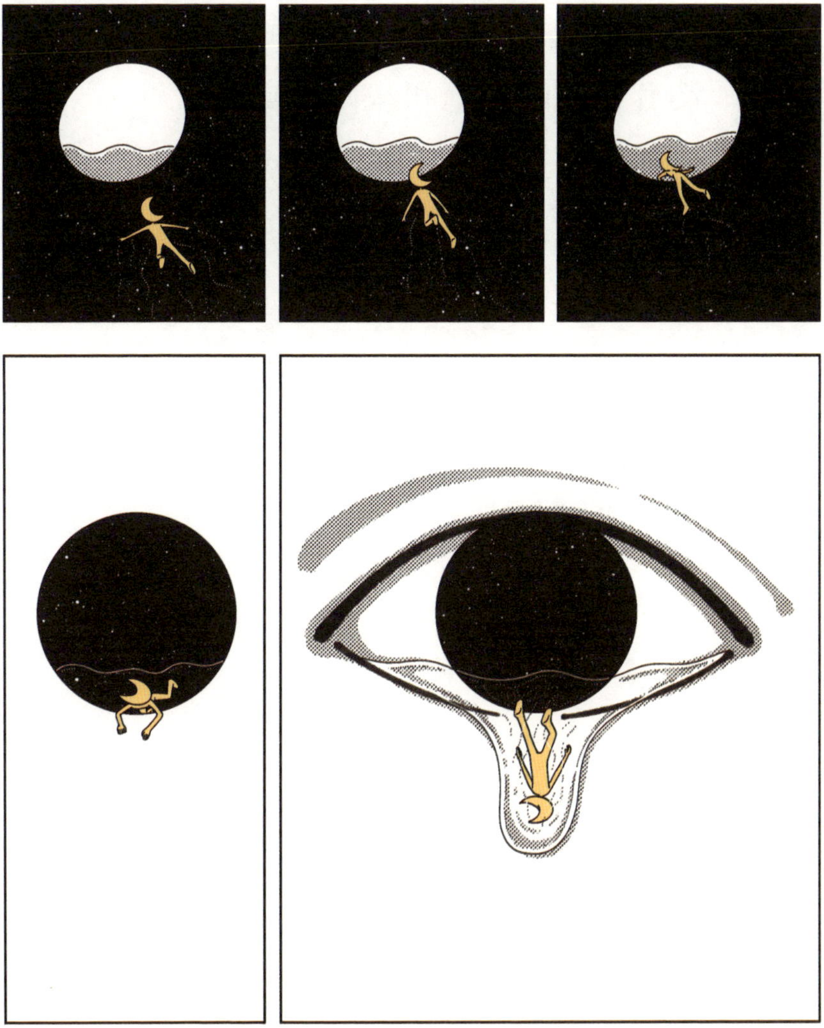

欢乐就像这世上的金砂：它们散在各地，没有任何的规则和法则可言，找到它们纯属机遇使然，并且每次也只能找到一小撮，因为它们甚少大量聚集在一起。

——

叔本华

人还是要保持因生活细碎而满足的能力，比如刚刚好赶上的公交车，吃到新鲜出炉的蛋挞，看到让人笑喷的段子，很热的天气喝到冰汽水，街角的咖啡店突然放了自己最喜欢的歌，周末晚上躺在沙发上看电影，好朋友事无巨细的问候，忙碌一天准时下班看到的夕阳……这些看似鸡零狗碎的生活碎片，却是通向快乐星球的秘密通道。

秋千

与恶龙缠斗过久，自身亦成为恶龙；凝视深渊过久，深渊将回以凝视。

—

尼采

善恶都是很高级的属性。这世上的人大部分其实都是混沌无光的，有好的导向就善，有不好的催化剂就恶。有时候自以为的善或者恶其实是很自大的一厢情愿。

人在有机会变成怪物的地方，就会毫不犹豫地变成怪物。唯一防止自己或者他人不变成怪物的方法，就是不要陷入这种困境。

永远不要试图去考验人性，因为人性根本经不起试探。

任何能够激怒你的人都会成为你的主人。

爱比克泰德

激怒你的人其实是在帮你点火。如果你很容易觉得被冒犯，那么你也很容易被操纵。此时要是能克制自己不变成一个煤气罐，而是唤醒一堆熊熊烈火，你就成了愤怒的受益者，而非受害者。

如果有人掌握了你情绪好坏的开关键，那你必须准备好随时按下这段关系的暂停键。

任何消耗你的人和事，多看一眼都是你的不对。

你的终极力量在于，你可以离开自己不喜欢的任何情境。你可以离开几分钟，可以离开几个小时，你也可以永久地离开。这就意味着，你再也不用受制于人了。

奋力一击

人是一种讲究实际的植物，他忙着给自己浇水、施肥、结果实，但常常忘记了开花。

——

周国平

我们好像并不习惯于纯粹的玩乐，以及以游戏和快乐为目的的运动和享受。我们的内心总是被现实挤压，很容易把玩乐当成浪费，把运动当成健身，凡事似乎都要有一个目的，以至于很正当的享受也会在心里产生愧疚感。

这是“怕自己配不上所有的美好，也辜负了所受的苦难”症候群，这是病，得治。否则只会让自己放弃两件事：一是追求幸福，二是勇敢地享受幸福。

不会画画没关系，唱歌跑调儿也要唱，可以写很烂的小诗，跑步不快也行，不擅长谈恋爱也没事，游戏可以只玩简单模式……这些事情是用来享受的，不擅长也不会怎么样。我们太看重所谓的才华了，只要是喜欢的事，笨拙也无所谓，享受其中就够了。

这世界不停开花，我想放进你心里一朵。在心里种花，人生才不会荒芜。

人永远都有一套哲理，来解释自己为何缺乏勇气。

——

加缪

人们总是喜欢给自己找很多理由，去解释自己的懦弱，掩饰内心的恐惧，逃避犯下的罪行……但事实是：总有一天，你不得不坦然面对一切。

当你遇到困难时，不知道自己的选择是通往桃花源还是火焰山，于是你觉得选择很沉重。如果吓得两腿发软，一心想逃跑，就真的会输得很惨。相反，如果敢于对困难说“有种你就放马过来”，就会发现，你想象中的不安是被无限放大的。

无论什么事，畏畏缩缩就输定了。

越是有畏怯的事情，就越要尽早尽快地去做，在那些莫可名状的忧虑发酵蔓延开以前，先干净利落地给它一个开头。等船到了桥头，你会看到接下来的路。

方糖

经验虽然告诉我们某物是如此这般的状况，但并不告诉我们它不能是另外的状况。

——

康德

早起的鸟儿有虫子吃，晚起的鸟儿有爬得慢的虫子吃。哪里都有虫子，管他呢。别让虫子支配你的生活方式。

很多事情就是摸着石头过河，工作、生活、人生选择都是这样。散步时随便的一个零碎念头，也许就能让你重新观察这个世界，继而成为最初根本想象不到的一种人；或者你以为只是萍水相逢的路人甲，最后会变成生命里的羁绊，于是在多年后不断感慨缘分。

规则不是别人制定的，而是自己创造的。

一切哪有什么程式和规律可言，人是蒲公英，命运是风，无论它把我们带去哪里，我们都要努力开花。

没有人天生就强、就弱或意志坚定，是后来才变强，后来才意志坚定。命运不在人身上，而在人四周。

——

加缪

美国天文学家卡尔·萨根说过:“我们 DNA 里的氮元素，我们牙齿里的钙元素，我们血液里的铁元素，还有我们吃的东西里的碳元素，都是曾经大爆炸时千万星辰散落后组成的，所以我们每个人都是星辰。”

总有一天，你会成长到一个极少人能理解你的阶段，因为理解你的门槛会变得很高。

你会感到十分孤独，这很正常，慢慢习惯就好，但一定不要因为同行的人变少就怀疑自己。对自己岩石一样的坚信，会成为最锋利的刀刃，帮助切开人生路上所有混沌的局面。

星体

做一件事情乐在其中，恰恰说明我们就适合做这个。发自内心的愉悦感，对我来说就是最重要的指南。

——

纪德

每当做自己喜欢做的事时，总会有人问："你是为了什么要做这些呢？""做这些有什么用呢？"可是在做这些事情的时候觉得很快乐，觉得这是一件幸福的事，从中获得了快乐和幸福，还有比这个更正当的理由吗？

不知道你有没有发现，做自己喜欢的事情，五个小时过去了，有一种才过去一个小时的感觉。据说在这种情况下，我们实际的年龄增长也是一个小时。

保持年轻的秘诀就是，用自己喜欢的事去填满每一天。

你的生活节奏，不需要别人来带。如果生活中有什么让你感到快乐的事，那就去做吧。

如果把世上每一个人的痛苦放在一起，再让你去选择，你可能还是愿意选择自己原来的那一份。

——

苏格拉底

如果给你机会重新选择，你会发现，3 岁小孩失去心爱的玩具和 21 岁的你失恋都是一样痛苦的，痛苦是不能拿来比较的。

很多事就算时间能重来一遍，以当时的心智和阅历，我们大概还是会做同样的选择，避免不了同样的结果。

你选错了路，看人看走了眼，别总后悔当初，又或者陷入痛苦不能自拔。后悔和不能自拔，其实是你不愿意接受这个结果，你不认栽、不认账，就给自己按了暂停键。

接受吧，朋友们，输了就认账，选错了就认栽，掉个头继续寻找对的方向。

猜

一切习惯之物都在我们周围织成越来越坚固的蜘蛛网，而我们很快就发现，蛛丝变成了绳索……

——

尼采

人和人之间想要保持长久舒适的关系，靠的是共性和吸引，而不是压迫、捆绑、奉承和一味地付出以及道德绑架式的自我感动。

你可以喜欢一个人但不完全了解他，可以喜欢一本书但不知道每页的内容，可以喜欢一部电影但不认识所有的演员，可以喜欢一款游戏但不知道所有的彩蛋，喜欢和爱不应该是一种负担。

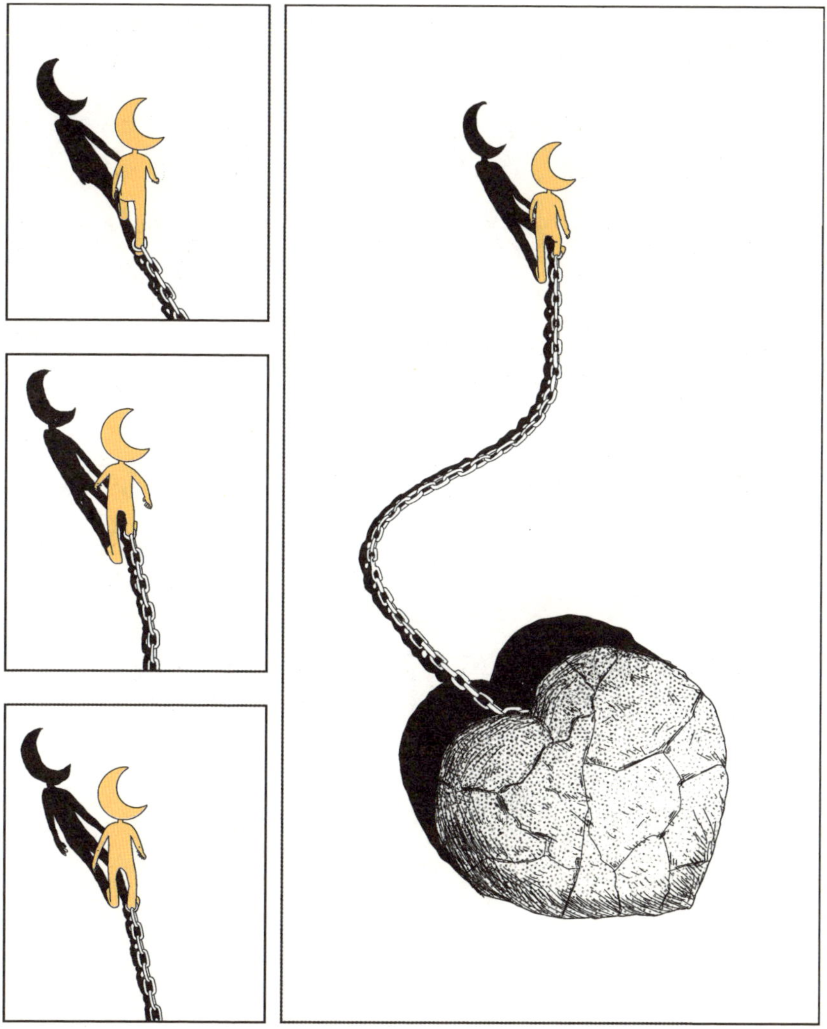

枷锁

如果一听到一种与你相左的意见就发怒，这表明，你已经下意识地感觉到你那种看法没有充分理由。如果某个人硬要说二加二等于五，你只会感到怜悯而不是愤怒。

—

罗素

吵架最尴尬的，不是事后懊悔自己没发挥好，而是吵了一半，发现自己错了。

听到不同意见就发怒，是不自信的表现。在那个情形下，别人说的东西刺激到了你，而且往往说的东西越接近真相，你受到的刺激越大。

当我们内心虚弱的时候，就喜欢用愤怒包装自己，这样可以避免承受“虚弱的羞耻”。与其愤怒，不如想办法丰富自己的理据。当你有理有据、自信心爆棚时，就没有人能撼动你的想法。

人类的本性总是倾向于把自己不喜欢的事实看作虚妄的，然后就轻而易举地找些理由反对它。

——

弗洛伊德

看到与自己想法不同却又符合逻辑和情理的东西，心中想的应该是“啊，原来别人的世界里还存在着这种想法”，而不是一味地去挑刺、抬杠。

一个人最大的恶意，就是把自己的理解强加于别人，把所有的结果理所当然地用自己的过程来解释，并一直认为自己是正确的。

这个世界上原本就存在完全对立的正确。你是对的，我也没错，我们只是做出了各自的选择。

高空落物

如果人是野兽或是天使，那么他就不能感受到焦虑，正因为他是两者的结合体，所以他才能够焦虑。

——

克尔凯郭尔

人性的深处，藏着一些不堪入目的东西，一旦有了合适的土壤，就会野蛮生长。

如果没有信仰、法律和制度的约束，每个人都有可能变成野兽。正如木心所说："人性是如何来的：有兽性的前科。"

但人性的奇妙之处在于，在与世界的碰撞中，有些人会变成更猥琐、更不堪的自己，一念成魔；有些人会变成更强壮、更智慧的自己，一念成佛。

是魔是佛，取决于我们能否从当下混乱的状态里拉扯自己一把。务必请你一而再，再而三,三而不竭，千次万次，毫不犹豫地救自己于这世间水火。

历尽这世界给我们的百劫千难，最后我们都是自己的天使。

白昼的光，如何能够了解夜晚黑暗的深度呢？

尼采

你可以是最成熟、最多汁的桃子，但仍然会有人不喜欢桃子。

很多人一生最大的痛苦，就是不停向周围证明自己是或者不是那些人想象的样子。

不必自证，也不必作任何解释，反正人人都会按照自己的想象帮你把真相补齐。他们对你的百般注解，构不成万分之一的你，却是一览无余的他们自己，仅此而已。

不被喜欢、不被理解也没关系。生活是自己的，自己开心就很棒，反正你超喜欢自己就够了。

每天反复做的事情造就了我们，然后你会发现，优秀不是一种行为，而是一种习惯。

——

亚里士多德

成长有两种，一种是突发式成长，就是先走出舒适区，然后在体会到焦虑、压力的同时，快速成长；还有一种恰恰就是在舒适区，慢慢扩大边界，关键就是坚持好习惯，由一个点向外壮大。

起先是我们造成习惯，后来是习惯造就我们。习惯这个东西，具有水滴石穿的力量，往往从微量开始，最后超额完成。

一件微不足道的日常小事，如果你坚持去做，就能胜过那些艰难的大事。

进步往往是看不见的。你挣扎着，坚持着，然后有一天，你就进入了下一个层次。你重复这个过程，你获得自信，你与他人的关系得到改善，你的生活变得更好。

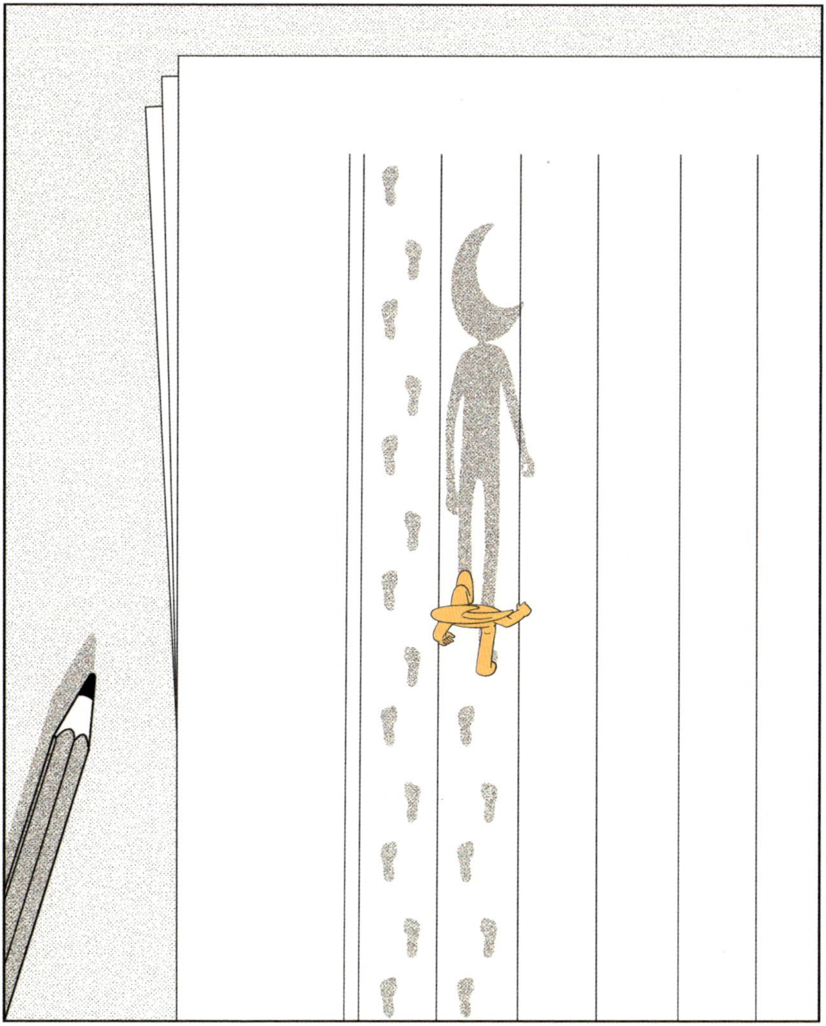

足迹

欲望总是把它们的满足当作人的欲求的最后目标来哄骗我们，可是在一旦达成之后，愿望就不再成为愿望了，也就被忘怀和作为古董了，从愿望到满足又到新的愿望，这是一个不停息的过程。

——

叔本华

欲望和需求是两个东西，我们常常觉得不幸福是因为不小心把欲望当成了需求。

从欲望的角度来说，拥有是无趣的，只有获得才有趣。如果你生活在树林，欲望会让你想获得一顶帐篷。如果你生活在帐篷里，欲望就会让你想获得一栋房子……欲望不会满足于某一标准，追求也永无止境。

欲望总是被没有得到的东西所刺激，而不管已拥有的有多完美。欲望的座右铭是“想要更多”。

如果一样东西你得到了，却觉得不过如此，那么这个东西其实是你的欲望。如果一样东西你得到之后，依然爱不释手，那么这才是你真正想要的东西。

欲念

你在愤怒中消耗着自己，你用舌头讲话，却伸出一把冷剑，讨论你的复仇之梦。

——

卡尔·荣格

很多人已经丧失了“好好说话”的能力，具体表现为“理屈词不穷”。一方面，没有办法用平静的态度、稳定的逻辑来陈述和论证自己的观点；另一方面，把对方当出气筒，以讽刺和挖苦为基调进行语言暴力输出。

大多标榜自己说话直的人，只是不愿花心思考虑对方的感受而已。爱是需要注意表达方式的，越是重要的人越要加倍温柔地对待。

永远不要说过分伤人的话，不要阴阳怪气说狠话，不要假装不在意说反话，不要恶语相向说气话。不要明明在意偏偏装作毫不在乎的样子，不要明明柔和一点就可以解决问题偏偏要拧巴，不要明明可以好好说话偏偏语气冰冷。

朋友们，不要耍酷，不要欲擒故纵，不要当冷漠的大人，要把最柔软的一面留给最爱的人，不要只讲道理，要多讲爱。

隧道

不停地问“为什么”的人，就像站在一幢建筑物前读导游手册的游客一样，忙于阅读这个房子的建造历史，以至于妨碍了他们看见这幢建筑物。

——

维特根斯坦

最喜欢说“我不知道”的人，心里真实的想法其实是“我不想面对”。

当你手里只有锤子，眼里看什么都会是钉子。世界一直在变，你不能老想着用旧方法来解决新问题。

所谓见世面，不仅仅体现在游历山川河流、星辰大海，体验都市繁华、霓虹璀璨；还包括，你要见识到人心不古、世态炎凉、尔虞我诈，以及高风亮节、襟怀坦荡、厚德载物；还包括，要体验情感的各种尺度、物质的各个层面、精神的不同领域。

是怀着开放的心态，不卑不亢地见众生；带着不灭的好奇，满怀热情地见天地；以及秉着独立的思考，返璞归真地见自己。

每当我似乎感受到世界的深刻意义时，正是它的简单震撼了我。

——

加缪

梦想什么的，用不着那么夸张，有个目标就行了。行动指南可以简单一点。你想要减肥？别吃。你想要挣钱？拼命工作。你想要幸福？喜欢做的事就别放手。

还有，想见面就见面，花开了就庆祝，有想做的事就马上开始，有不想做的事就果断拒绝。被人欣赏就表达感谢，被人背叛就绝情一点，聚会不想去就不去，不喜欢听的话就不听。

喜欢大海就去看海，不开心就大睡一觉，饿了就去吃美味大餐。不舒服的事就不做，不舒服的人就不交，不舒服的关系就不维持。把复杂的事情简单化，让简单的事情更简单。

不给自己添乱，生活就一点都不乱。不论什么境遇，心情都不能乱套。

有小情绪的时候，洗个热水澡，做个糖果味的梦。一觉醒来，还有好多事情要去做，好多美味要去吃，好多人要遇见。

视窗之一

视窗之二

这是你的错，都是你的错！……如果我是弱者，这是你的错。如果我是不幸之人，这是你的错。羔羊说：我可以做所有老鹰会做的事，但我有本事就不这么做，不是我要像老鹰，而是老鹰应该像我这样做……

—

尼采

“有时候老鹰会飞得比鸡还低，但鸡永远也飞不到老鹰那么高。”

如果你拿了一个“受害者”的剧本，身边所有的人都会成为“加害者”。

弱者最常干的事，是把强者妖魔化。“他们永远有一肚子的正义与自卑，这是他们应付强者最有力的武器。”而“人一旦迷醉于自身的软弱，便会一味软弱下去，会在众人的目光下倒在地上，甚至比地面更低的地方”。

人生熠熠生辉的时候哪儿还有时间去矫情，去抱怨，去患得患失啊。

变强大并不意味着你要成为一个强势的人，而是变得更加从容。当生活偶尔失控时，你不会再感到紧张、焦虑，而是对自己多了一份笃定，你知道自己会找到解决方法，这才是真的强大。

飞鸟

平庸的人喜欢与人交往，喜欢迁就别人。这是因为他们忍受别人要比忍受他们自己来得更加容易。

—

叔本华

总觉得忍一忍之后就会好起来，真笨，人家不就是觉得你会忍一忍，才这样对你吗？

你要多久才会明白，大树底下无大草，能为你遮风挡雨的，同样也会让你不见天日。不要做任何一段关系里的乞丐，也不要在取悦别人的路上迷失自己。

所有的爱、人际关系、工作，都应该是放松的。你试图去讨好的、迷恋的，都不是真实的，反而是最脆弱也最没意思的。

过自己的日子，不要总想着如何让别人开心。如果一个人能快乐于你的快乐，这很好；如果不能，就各自快乐。把琢磨别人脸色的时间用来哄自己开心，大部分的烦恼就都解决了。

我毕生的愿望就是可以和一个人达成同谋。我在你身上找到了这种感觉，同时也找到了生命的新的意义。

——

加缪

在爱里，重要的不是那些浮于表面的温暖或陪伴，而是在爱的过程中，忧郁的人变活泼，懦弱的人变坚强，卑微的人变自信，木讷的人变可爱。

爱是有魔力的，它让我们看到不一样的自己，这才是爱赠予我们最重要、最值得欢呼雀跃的东西。

我们相爱，不是为了被人照顾，被人偏爱，被人宠到生活不能自理；我们相爱，是因为我们被对方吸引，我们互相探索，努力融合，互相取暖，互相依偎。

通道

个性像白纸，一经污染，便永不能再如以前洁白。

——

黑格尔

每个人都应该保持自己独特的个性自由生活，而不是千方百计把自己塞进方方正正的模具，压缩成同样形状的罐头。

你知道喜恶同因吗？就是不同的人，会因为你的同一个性格特点或做事方式而喜欢你，或者厌恶你。

有人喜欢橘子特有的味道，也有人讨厌橘子特有的味道。作为“橘子”，如果你放弃自己的个性和价值，强行把自己打造成葡萄来招人喜欢，那意味着你吸引来的不是真正欣赏你的人。

真正能欣赏你的人，欣赏的永远是你骄傲的样子，而不是你故作谦卑和讨好的样子。

鲜明的个性，往往会让喜欢与讨厌你的人泾渭分明。你只要好好做橘子，自然会有人来喜欢你。

无用的素材

剥夺我们已经拥有的东西，比让我们得不到该得到的东西要更严重。

——

亚当·斯密

大多数人经历失去时的痛苦，是经历得到时喜悦的 1000 倍。失去比得不到更可怕，因为它多了一个过程叫“曾经拥有”。

就像多年以后，你才终于意识到，对方说的“你一个人吃得完吗？”的意思是“我可以过来陪你吃”，而当时你的回答却是“就这，我一个人可以吃三盆”。就像我们总是在离开那个夏天之后，才猛然发现它有多特别。

遗憾当然会有，但也要清楚，世界上很多事，包括恋爱和季节，都是去者不可追。

喜欢的博主不再更新，沉迷的剧集迎来结局，喜欢的男女主角走向分手……就把所有要失去的东西都当作“借来的片刻欢愉而到了该归还的时间”吧。只要当时的记忆是鲜活的，某一刻自己的心为之炽热过，经历便是有意义的。

气球

有了高兴的事，我们应该去充分享受，而不是停下来想“比起别人可能遇到的好事，我这个简直不足挂齿”。

——

罗素

“想要快乐，我们一定不能太关注别人。”

我们会花费很多精力和别人作比较，但请记住这句话：比较是偷走快乐的小偷。换句话说，与他人的生活方式作比较只会招致对自己的不满。

你在朋友圈、网络上看到别人幸福或者光鲜的生活片段，那就像电影的预告片，精华全在里面了。至于整部电影是好片还是烂片，还得看我们自己如何出演。

快乐是不分什么浅薄或深刻的，只要能让你在某些时刻觉得“来一趟好值得”就很棒。

一个人幸福，不是因为他爱的东西他都有，而是因为他有的东西他都爱。

自由的保证是什么？是对自己不再感到羞耻。

——

尼采

找到一个喜欢你原本的样子、从不曾试图改变你、愿意为你的每一点进步欢呼、不对你的人生指点江山、不让你恃宠而骄、不拿自己的人生经验来左右你的人很难，如果找不到，先让自己成为这样的人吧。

对自己无条件自信的感觉真是太好了！什么是无条件自信？就是面对惊喜和温柔，在表达谢意的同时，告诉自己是因为自己够好，才得到这些确幸。遭遇失意时，坚信自己能解决，并从中获得有用的经验。好运、惊喜、委屈、哭泣通通照单全收，并始终坚信自己值得最好的。

在自己喜欢的时间里，按照自己喜欢的方式，去做自己喜欢做的事，这就是自由人的定义。

单向度的人即所谓的丧失否定、批判和超越能力的人。这样的人不仅不再有能力去追求，甚至也不再有能力去想象与现实生活不同的另一种生活。

——

马尔库塞

越长大，心就被生活磨得越粗粝。与其说生活变忙碌了，倒不如说我们的心变麻木了。

不要变成见了任何金色晚霞都只会说“不就那样吗？”的人；不要变成认为种花没用，不如种棵葱来炒菜的人；不要变成拒绝有趣的事情，认为那是小孩子才干的事的人。

要变成那种永远会为多彩的晚霞、翻滚的浪花、撒娇的猫咪、初升的月亮、美味的饭菜、春风拂面而欢呼雀跃、蹦蹦跳跳的人。

希望你能见识更多让你惊奇的事物，体验未曾体验过的情感，遇见一些怀揣奇妙想法的人，然后为自己的人生感到骄傲吧。

能把生活过得热气腾腾的人，掌握着这个世界的另一种魔法。

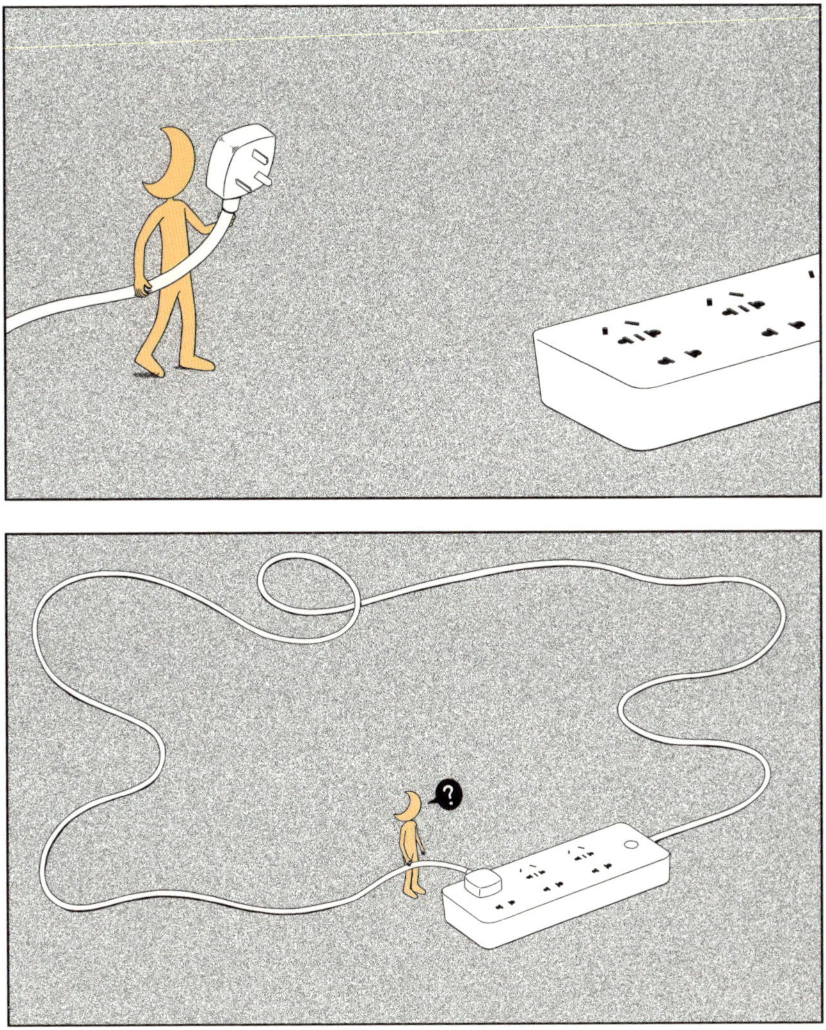

电源

我们一直寻找的，却是自己原本早已拥有的；我们总是东张西望，唯独漏了自己想要的，这就是我们至今难以如愿以偿的原因。

——

柏拉图

人类具有把宝物轻易变成破烂儿的能力。喜欢的得不到，得到了不珍惜；拥有时不在意，失去了才怀念；怀念时想相见，相见时又恨晚。终其一生，满是遗憾。

我们习惯于将得与失分开看待，但其实人生就是有得就有失，比如，你在奶茶和薯片中得到了满足，同时也失去了你的小蛮腰。

重点不是得到或失去过什么，而是在得与失的流转中，我们是否重新审视过自己，是否思考过哪些是对自己真正重要的、值得珍惜的。

保持愉悦生活最大的奥妙就是，学会珍惜自己眼前拥有的，不去惦记错失的那部分。

错过了秋枫冬雪，便会迎来春天的樱花。也就是说，今日的遗憾，来日一定会实现。

未被表达的情绪永远不会消亡。它们只是被活埋，并将在未来以更加丑陋的方式涌现。

——

弗洛伊德

世界上有太多的苦痛，很多人选择逃避，不去面对，他们坐在隐形的轮椅上，身上打着看不见的石膏，艰难度日。

闭上眼睛，并不能使内心的担忧和恐惧消失；逃避真实，并不能保证自己就能守住惨淡经营的小天地。虚假的东西总有分崩离析的一天，乘坐一艘漏水的船，可以驶过小沟小河，但绝对经受不住大海大洋的考验，欺骗和麻醉自己的时间越长，痛苦越多，人生越悲戚。

既然该来的总是要来，迎着刀锋而上是最好的选择，起码节约时间。

沉默者

床头读物

我们总是先扬起尘土，然后抱怨自己看不见。

——

贝克莱

辛波斯卡说：“有生之年我无法找到任何理由替自己辩解，因为我自己即是我自己的障碍。”

这种困境，几乎是所有不愿接受改变的人的困境。他们就是白垩纪的霸王龙，也许曾经是世界的巨无霸。新的纪元已经开始，他们并不知道。

永远不要在任何事上自我设限。不要把自己局限在什么“年龄太大，能力不行”的状态里，也不要用“我从来没试过，怕自己做不好”这样的句式困住自己。跳出那些条条框框，别拒绝命运抛给自己的各种橄榄枝，人生真的还有很多可能。

挣脱

当一个人不可诱惑、不可冒犯和不可动摇的时候，他身上就具备了某些迷人的东西。

——

汉娜·阿伦特

每个人身边都有一个磁场环绕，而你的磁场也吸引着与你磁场相同的人和事。你只要形成自己的一套行事风格，并发自内心认可自己，那么你身边的人就会自己调整，变换出一种能和你相处下去的模式和心态。

你不想想办法，别人就想想办法，非常神奇，但事情就是这样。

一个人魅力体系的形成，其实必须在某些时候冒一点不被喜欢的风险，盲目地增加仅仅是“看你顺眼，不讨厌你”的受众，很难产生让人狂热的不可替代的吸引力。

当你自信十足，觉得自己超级无敌棒，从内到外闪闪发光，做事也非常有干劲，元气满满的时候，那个你一直喜欢却不知道对方想法的人，那个你日思夜想的绝妙机会，那个你渴望得到的资源，都会一下子朝你涌来。

暗舞

如果你不反叛，只是接受你的环境，你也会有一种安宁，一种僵死的安宁。但是如果你努力去突破你的环境，并且亲自去探索什么是真相，你就会发现另一种安宁，一种不再停滞的安宁。

——

克里希那穆提

没有对抗能力的人，总想逃到自己的安全错觉里。

躺赢这件事，根本不存在。走出舒适区，不是让你盲目行动，而是提醒你，别一味沉浸在过去的安逸里，危机随时会来，什么都不做就只能坐以待毙。

所谓的反叛精神，不是要你与世界为敌来彰显自己的与众不同，而是在认清自己，比任何人都清楚自己想要什么后，没有什么能阻挡你去实现它。

我们都需要一颗皮实的心，去对抗生活的难。接受当下遇到的困难，做你觉得正确的事情，去追随使你安宁的东西，得到你想要的答案、想要的爱、期望的未来。你在一步步努力走向未来的同时，更好的未来也会选择你。

陷阱

摄影的欲望大概来自这样一种观察：从全局视角看去，这个世界十分令人失望。从细节上看，让人惊讶的是，世界总是十分完美。

——

让·鲍德里亚

这就是拍照的意义：你拍下的何止是照片，你还记录了好天气、好心情，是无数个美好瞬间，是青春，是岁月，是再也无法复刻的怦然心动。

无论是用文字还是照片来记录，都是对平凡生活的温柔反抗。可以浅浅地记录，疯狂地记录，精致地记录，粗糙地记录。可以记录愉快的瞬间、美好的风景、街头的见闻，可以记录喜悦、惆怅、崩溃、畅快。

你也许不曾料想到，你记录下的无数个自以为平凡无奇的瞬间，会成为日后反复拯救自己的开关。

当你回顾过去，想起那些被遗忘的时光、体会过的爱、曾拥有的幸福，就仿佛感受到了那天的甜，生活就又有了动力。原来我们频繁地记录生活，是因为生活值得。

人类从历史中学到的唯一教训，就是人类没有从历史中吸取任何教训。

—

黑格尔

不到黄河不死心，不见棺材不落泪，不撞南墙不回头，这可能是人身上最难改掉的“恶习”。

虽然事故都一模一样，不断重复，但是人们极少会从事故中吸取教训，因为他们始终坚信“两个不一样”：这回不一样，我和他们不一样。而实际上呢，每次都一样，每个人都一样。

绝大多数人是没有记性的，愚昧的人只会重蹈覆辙，而极少数聪明的人会从失败里吸取教训。

成长是特别艰难的自省，你必须抛弃所有说给别人和自己听的漂亮话，正视自己的无知和失败，甚至被一遍又一遍地打破、割裂，推翻以前所有的观念和想法再重组。

然后你才懂得，从“愚昧之巅”跌到“绝望之谷”，再慢慢地爬上“领悟之坡”，最后站上“成为自己的高原”，这是多么漫长的成长之路，也是一个人的必经之路。

无尽路

如果你想走到高处，就要使用自己的两条腿！不要让别人把你抬到高处，不要坐在别人的背上和头上。

——

尼采

面对生活，我们常常感叹：“啊呀呀，好累啊，我不行了！”这个“好累啊”是无法避免的事实，然而是不是真的“不行”，还得看我们自己。

我们太容易把生活视作线性的、前进的、向上的过程，但生活恰恰是螺旋的、有进有退的、迂回曲折的。

真正有价值的事情，都不是轻松舒服就能完成的。那些晨间的寂静，不眠的星光，清醒的克制，孤军奋战的坚持，暗暗许下的承诺，都彰显了你的热爱。

你热爱或者专注的事，永远都有一个糟糕的开头：无从下手，爬坡艰难，无人问津。但走向顶峰的路永远是山路十八弯，路边的小花总是独自绽放的，谷底的藤蔓也不是一下子长成的。未来的成功，由一次次执着的决心堆叠而成。

给自己时间，要相信生命的韧性是惊人的，跟自己向上的心合作。所有别人不相信的事情你都要一一去做，亲自体验一下早已注定的失败以及不可理喻的成功。

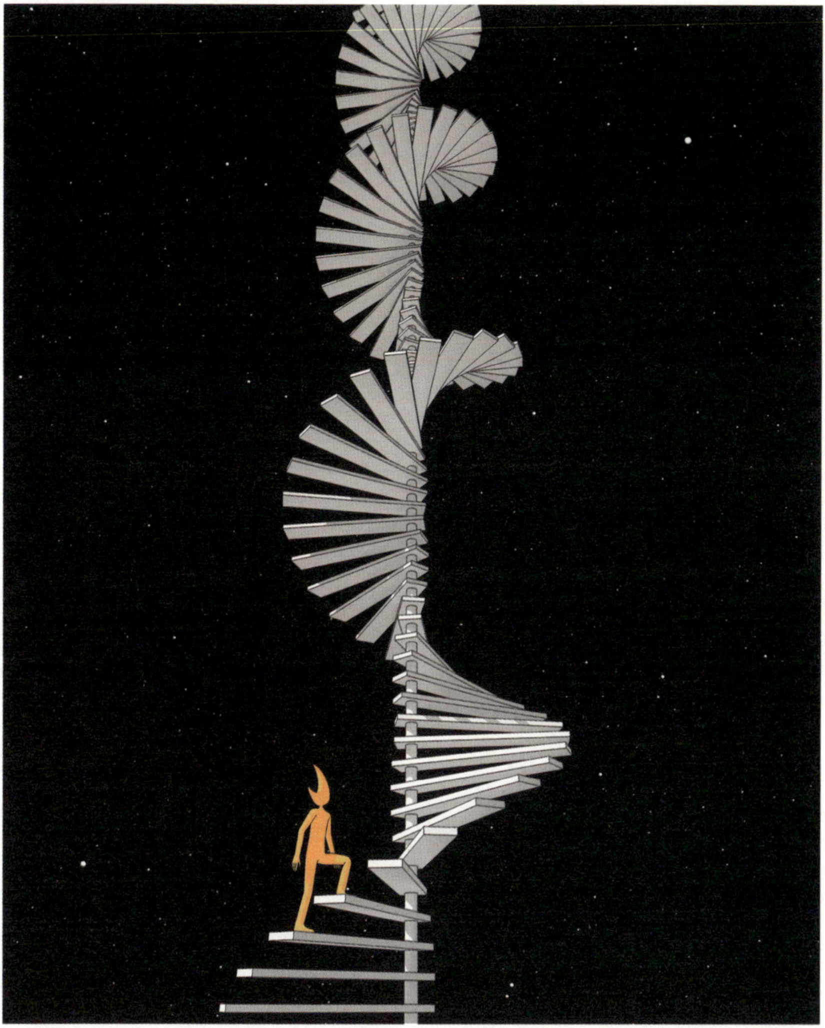

螺旋式

陷入哲学困境就像这样一种情况：一个人在房间里想要出去，却又不知道怎么办。想从窗户跳出去，可是窗户太小；试着从烟囱爬出去，可是烟囱太高。然而只要一转过身来，他就会发现，房门一直是开着的！

—

维特根斯坦

陷入人生困境时，人往往不是屈服于环境或外力，而是被自己的内心一再击垮。

你以为的“最佳选择”根本不算选择。如果你只拥有两个选择，一个是饿死，另一个是以被敲诈的高价向镇上唯一的卖家购买面包，这算什么选择呢？

走不出观念的牢笼，你在任何地方都是自我的囚徒。

有时候，你可能觉得生活中所有的门都关上了，但要记住，关上了并不代表锁上了。有两个字可以为你开启许多扇门——“拉”和“推”。

如果生活把你的门关上了，那你就再打开，这就是门，门就是这样用的。

出路

迷路员

现代人误以为自己知道自己想要什么，而实际上他所想要的是别人期望他要的东西。

—

弗洛姆

有时候你是真的搞不清楚什么是自己想要的，你只是学会了如何得过且过而已。所以你明明有了西瓜，却偏偏又看中了芝麻。

哲学家马尔库塞认为：很多需要其实不是人真正的需要，而是社会灌输给我们的需要。

比如你去超市买洗衣粉，结果买走一堆洗衣液、洗衣凝珠、增白皂……回过神来，才想起你只是想买一袋洗衣粉。迷失在不需要的东西里，大概就是这样的感受。但你不能怪超市导购，他们当然要告诉你，这些东西对你很重要，这是他们的工作。而如果你相信每一件东西对自己都很重要，那你还没有明白“重要”的意思。这种情况下，不拿下你，拿下谁?

永远不要放弃你真正想要的东西。等待虽难，但后悔更甚。

木偶之一

木偶之二

社交聚会要求人们作出牺牲，而一个人越具备独特的个性，那他就越难作出这样的牺牲。因此，一个人逃避、忍受抑或喜爱独处是和这一个人自身具备的价值恰成比例。因为在独处的时候，一个可怜虫就会感受到自己的全部可怜之处，而一个具有丰富思想的人只会感觉到自己丰富的思想。

——

叔本华

每次经历长时间社交，都会有一种油尽灯枯的感觉，这种现象叫作“感官超载”。此时最需要做的是不被打扰，安静地待上一段时间。

不必为了强融圈子而花费大量的时间、精力去了解那些没有营养的新闻八卦。允许自己有参与不了的话题，是另一种社交自信。

不擅长社交，说明你与自己很亲密。如果你用这段时间，与自己相处，多看一本书，去做想做的事，并把自己变得优秀。等你度过低潮，你会感到自己电量满格，又重新爱上人间。

孤独是无罪的，是追求自我实现和幸福感的一种积极态度。很多时候，你开自己的花，结自己的果，想要风吹来，风自然会来。

消耗

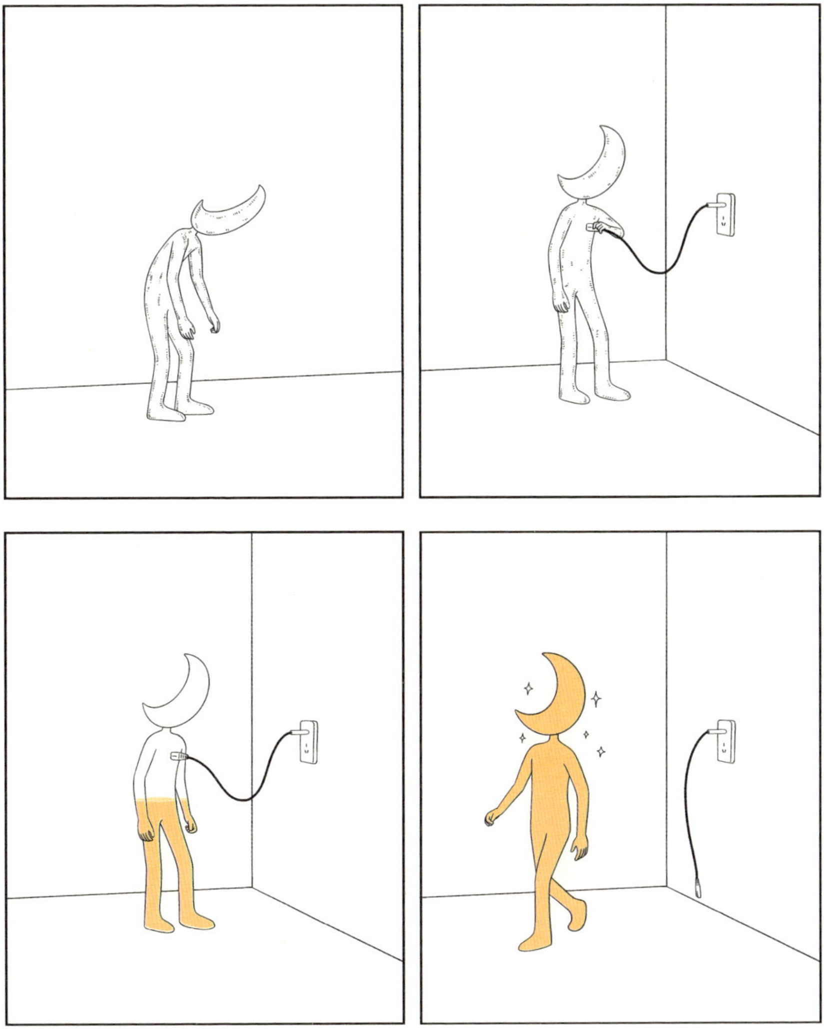

独处

在世界的任何角落都有人坐着等待，机会真正来临的时候，他们却惊恐地发现，自己的四肢已经麻木。

——

尼采

等买了专业的电脑，我就可以认真学习编码了，现在的电脑太烂，一点学习的劲都没有；等我配齐了一整套运动装备，再去跑步锻炼吧，穿得不专业，肯定坚持不下去的；等我再优秀一点，颜值上去了，再去和喜欢的人告白吧，现在还配不上呢……等吧，等吧，等吧。

为了追求所谓的完美，一步步地推迟自己行动的时间，到最后常是什么都没有做，什么都得不到。

固化

过分的执着会带来毁灭。

—

泰勒斯

活得不好的人，都是输给了自己的固执，输给不可理喻的固执。他们不是“不知道错了”，而是“我知道，但我就是改不了”。

“强扭的瓜不甜，可是解渴啊”是一种选择，但更好的选择其实是，不甜的瓜就不要了。

不要为打翻了的牛奶而永远哭泣，不要让你的生活永远停留在糟糕这个章节。翻篇儿吧！把艰难的这篇儿翻过去，下一段、下一页、下一章，另起一行，重新写起。

概率事件之一

概率事件之二

人们可以抚摸一个梦，就像抚摸一只家猫。但人们不能抚摸现实，因为现实就像一只野猫。

——

让·鲍德里亚

生活如同一朵玫瑰，每片花瓣代表一个梦想，每根花刺昭示一种现实。

所谓梦想，不一定会在终点给你惊喜，但至少，它会支撑你出发；而所谓现实，是就算没有惊喜，你终于知道自己为什么出发了。

好的人生过程，没准恰恰是“狗熊掰棒子”。一边与梦想连接，获得力量；一边认清现实，始终保持人间清醒。

不必操之过急，不必盼着把前路走宽。比起这些，我们更应该去闻闻树木的清香，去感受哐当、咔嚓之类的生动声响，要给眼球装上自动柔焦功能。

不要害怕“现实”这个词，它另一个富有活力的名字叫“生活”，而我们，也是奔着生活里那一点香甜去的。

缠

我们 40 岁时死于一颗
我们在 20 岁那年射进
自己心里的子弹。

—— 加缪

当我们在市场上待价而沽，在办公室里累到昏厥，在电脑前崩溃大哭，总是忍不住怀念无忧无虑的青春时光。

很多幸福和快乐都是后知后觉的，身在其中的你以为那只是一剂空枪，多年后才发现那颗子弹实实在在地打在了自己身上。

人生最大的遗憾，是一个人无法同时拥有青春和对青春的感受，总有一些东西要靠失去来证明它的珍贵。

在你拥有青春的时候，就要感受它。有喜欢的人就去追，哪怕到头来是一场错过；有想要的梦就去做，哪怕最后一场空。

不要虚掷你的黄金时代，不要去倾听枯燥乏味的东西，不要设法挽留无望的失败，不要把你的生命献给无知、平庸和低俗。等有一天美梦成真了，那就不会是一颗迟来的子弹，而是一份迟到的礼物。

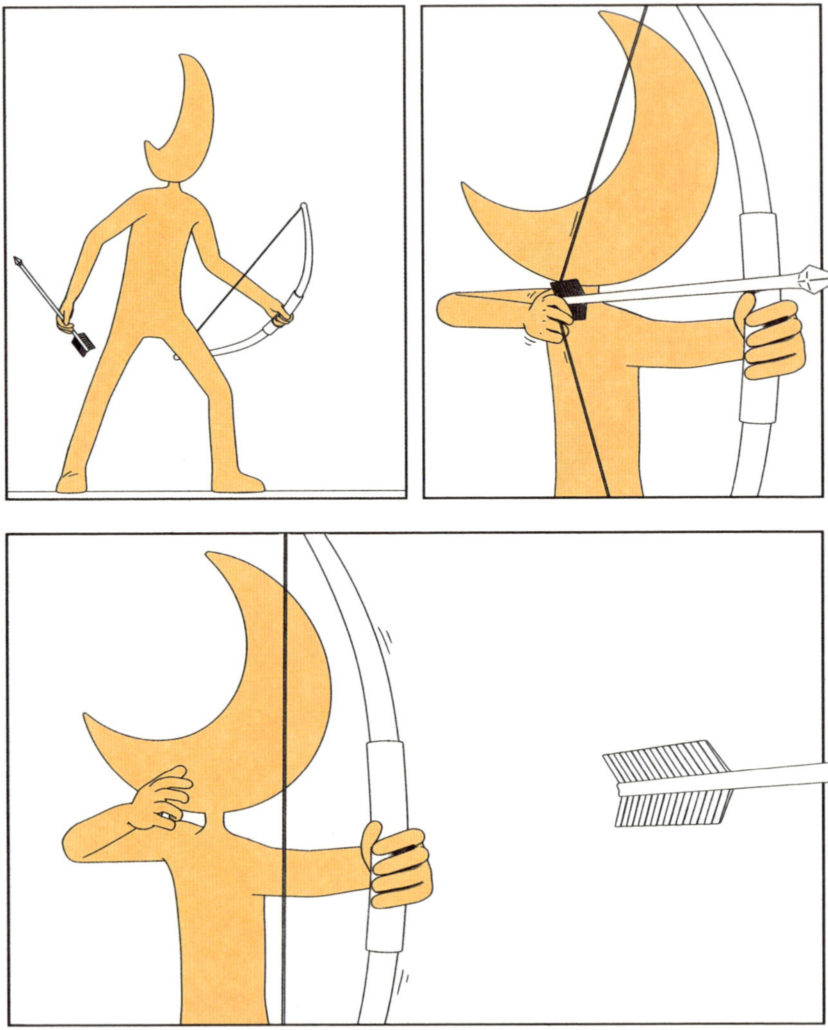

穿心之一

穿心之二

面对无法回头的人生，我们只能做三件事：郑重地选择，争取不留下遗憾；如果遗憾了，就理智地面对它，然后争取改变；假若也不能改变，就勇敢地接受，不要后悔，继续朝前走。

——

苏格拉底

A.S. 拜厄特在《隐之书》里写道：“终有一天，我们免不了会觉得痛苦，觉得后悔——就我而言，我宁可让自己因事情发生了而后悔，而不是后悔一切只停留在空想中；我宁可让自己因有所为而后悔，而不是后悔自己一再犹豫却步；我宁可让自己因一场真实的人生体验而后悔，也不要让自己病态地揣想着事情的种种可能。”

希望与失望是双向的，重要的是，提醒自己，尽量不要因为对一个遗憾耿耿于怀，而缔造更多的遗憾。

一条弹簧如久受外物的压迫，会失去弹性，我们的精神也一样，如常受别人的思想的压力，也会失去其弹性。

——

叔本华

很多人都不明白，无论是谁，一旦受到了超过限度的压力，都会发脾气、哭泣，变得有攻击性、抑郁，无法保持理智。

人类太容易被摧毁了。一个人之所以能成为正常人，是因为他处在正常的环境中，并不是因为他本应是个正常人。

生活不会因为你心弦紧绷而事事顺遂。过松弛一点的人生，也没什么不好。

松弛，不是彻底的不焦虑，只过随性的生活，而是你可以把心落在安全区的感觉。有责任，但懂得适度从重负下出离，忙里偷闲地喘口气；有压力，但知道从疲惫的状态中摆脱，来一次久违的放松。

人对外部世界首先应当尽力而为，只有在竭尽所能之后，才沉静接受人力所无法改变的部分。

——

冯友兰

打游戏连续10次通关不过时，往往会暗下决心：“我偏要再打一次试试！”怎么在生活中稍微遇到一点困难就妥协了：“算了，顺其自然吧。”

我们总是喜欢拿“顺其自然”来敷衍人生道路上的荆棘坎坷，却很少承认，真正的顺其自然，是竭尽所能之后的不强求，而非两手一摊的不作为。

假如试都不试一下，那一切都会是老样子。试试是我们笨拙而热烈的人生中不可或缺的一部分，就算没有成功，那也少了很多遗憾不是吗？就豁出去吧，把这不得不过完的一生，变成值得庆贺的一生。

一种很自在的活法是：不对任何人和事做关于结果的预期，但用尽全力享受了所有交汇的时刻，于是能够平静大方地接受之后的所有可能。

浮游

我们很少信任比我们好的人，宁肯避免与他们来往。相反，我们常对与我们相似、和我们有着共同弱点的人吐露心迹。我们并不希望改掉弱点，只希望受到怜悯与鼓励。

——

加缪

嫉妒是人之常情，但是嫉妒情绪来袭之后，是黑对方，还是追赶对方，才真正把人区分开来。

肯承认别人优秀的人，往往自己也不会太差。因为他懂得欣赏，这是进步的前提，而不是去贬低，用语言强行把别人拉下来。

能够发自真心地去欣赏一个人而毫无所求，真的很了不起。这需要一个人确实地看见并且辨别出另一个人的美好特质，而不只是看见借助这种特质表现出的优点，还需要一些平和、包容、慷慨，因而让这种能力显得很珍贵。

祈祷落幕时

人就像寒冬里的刺猬，互相靠得太近，会觉得刺痛；彼此离得太远，却又会感觉寒冷。人必须保持适当的距离过活。

——

叔本华

人间的美感，来自距离的拿捏。

最理想的关系是人与猫之间的关系——简单，平等，自由，放松，随意，彼此尊重，彼此包容，彼此依赖，彼此牵挂，有清楚的边界，从不过分叨扰，各自独立，偶尔相依，既热切又有分寸，留有空间又相互为伴，彼此需要又互不影响，不约束也不干涉对方，又可以分享一切。

寒冬夜行人之一

寒冬夜行人之二

寒冬夜行人之三

靠努力换回的爱往往会使人生疑。这种爱常常会让人痛苦地感到：归根结底我不是被人爱，而是被人需要而已。

—

弗洛姆

许多事情越想努力做好效果就越糟，比如爱情、入睡和举止自然……

直觉这个东西真的很准。你察觉到的所有怠慢、敷衍，你感受到的所有不爱、不再关心，并不只是察觉，而是事实。

如果一段关系，总让你处于“不安、疑惑、反复确认”的情绪中，你大概率不在爱情里，但误以为那是爱情，以为自己被需要，或者以为自己需要某个人。

当一段感情仅仅靠你主动来维持，那么就到了该离开的时候了。坐错车并不可怕，不能因为已投了币上了车，就舍不得下去。如果有些人在你生命中缺席能带来平静，那就不算损失。

就算人生是出悲剧，我们也要有声有色地演这出悲剧，不要失掉了悲剧的壮丽和快慰；就算人生是个梦，我们也要有滋有味地做这个梦，不要失掉了梦的情致和乐趣。

——

尼采

生活就像玩游戏，今天来玩这一把就要尽兴。

你早上醒来，选择你的角色，各种任务和困难尾随而至，你要选择捡起哪些宝物，选择携带哪些装备，生活就是这样的。很快你就会知道，你一直都是自己游戏的主角，正上演着自己的命运。

在这场游戏里，你或许是别人人生的配角，但你绝对是自己人生的主角。你可以随时选择一种新玩法让游戏更精彩，可以扮演不同类型的角色，也可以退档重来。最重要的是，当你撑不下去无法坚持走到下一关的时候，会有 NPC（非玩家角色）出现来为你指引方向、帮你渡过难关。

梦

你担心什么，什么就控制你。

——

约翰·洛克

现在的情况是：知道且看到了人有很多种活法，只要行动起来怎样都能活，怎样都能活得不错，同时守着自己那一亩三分地一动不动。但心里的某个地方，还在想着毫无进展的工作，急得不得了。这样的话起来干活不就得了，却又不想起来。

纵容你的人是你自己，紧逼你的人还是你自己。

焦虑说穿了，就是大脑在创造关于你自己的阴谋论，别让它得逞。

想要减缓焦虑的话，可以试着不去想还没发生的事，不去担心结果，把自己的情绪和注意力都锁死在当下。当下有爱，那就享受爱；当下有困难，那就解决困难。尽可能想得近、想得细，然后按照顺序，一件一件地用心去处理好眼前的问题。只要这么做，你心中的不安便不会再任意膨胀，只因你采取了具体的行动。

许多人对于生活作出自己结论的方式就像小学生一样，他们抄袭算术课本里的答案以欺骗老师，而没有心思由自己算出得数。

——

克尔凯郭尔

许多人活得并不像他们自己。思想是别人的意见，生活是别人的模仿，情感是别人的引述。

你必须活得像个原创，否则就会成为社会文化的镜子，即大家怎么想，你就怎么想；大家要什么，你也要什么。

你可以听到一切答案、技巧、经验，但那并不属于你。你并不会更聪明，因为你的经验全是别人的二手经验；你也不会更博学，因为你听到的东西并没有真正去验证。

如何活得像个原创，说起来挺简单——尊重你的感觉。你的梦想，值得你本人去争取。你的生活，绝不该是对别人生活的冷淡抄袭。

记住，人生的试卷是自己出题，乱写也是满分。

无限的宽容必将导致宽容的消失。

——

卡尔·波普尔

老好人就像天上的神明。第一，适合对其讲述欢喜；第二，适合对之倾诉不幸；第三，可有可无。

别以为曲意逢迎能换来美好结果，无底线的宽容只会招致更多放肆。若你的嬉笑太盛，便无人在意你的认真。你若凡事忍让，一切都原谅，时间久了，别人自然就会忘记你也会不开心，遇到问题也不用考虑你的意见。假如有一天，你想板起脸为自己争取起码的尊重，别人会以为你今天发了神经。

翻脸的目的，不是制造冲突，而是告诉别人你的底线在哪里，如果你的温柔和善良得不到应有的尊重，那么解决人际关系最直接的方法就是翻脸。

笑

人生就像弈棋，一步失误，全盘皆输，这是令人悲哀之事；而且人生还不如弈棋，不可能再来一局，也不能悔棋。

——

弗洛伊德

生活中发生的事，如果合乎理想，是我们的福气，如不，就当作经验。

当你把“这种事为什么发生在我身上”的想法替换成“凡事发生必将有益于我”，就会发现很多事情都变得不同了。

一切是为你而来，不是冲你而来。考试失败了，但备考的过程见证了自己的潜力；被甩了，说明对方没有爱你的福气；朋友背叛，说明你们本就不是一路人，有多远跑多远；工作遇到问题，那是老天在善意提醒你此路不通，要重新规划路线。

生活把最难堪的一面摊给你看，不是吓唬你，让你畏缩，而是告诉你：没关系，很多人都是这么过来的，不影响你做该做的事，过想过的生活。世间一切发生在你身上的必有利于你，助你强大，助你坚韧，助你无坚不摧。

☽ 棋

如果你继续去寻找幸福是由什么组成的，那你永远不会找到幸福。如果你一直在找人生的意义，你永远不会生活。

—

加缪

里尔克的《给一个青年诗人的十封信》中有一段话常看常新。若你感到疑惑、迷茫，希望它能给你启发：

“要容忍心里难解的疑惑，试着去喜爱困扰你的问题。不要寻求答案，你找不到的，因为你还无法与之共存。重要的是，你必须活在每一件事情里。现在你要经历充满难题的生活，也许有一天，不知不觉，你将渐渐活出写满答案的人生。”

要去生活，而不要去想象生活。在你开启征途的那一刻，比“加油”这个词再温暖一点的是，无论你志在必得还是胸中忐忑，无论你顺心如意还是难过失落，你都将在长路的终点，得到自己关于生活的答案。

获得幸福的秘诀，并不在于为了追求快乐而全力以赴，而是在全力以赴中寻找快乐。

云海

雨水

如果我们怀疑一个人说谎，我们就应该假装相信他，因为他会变得愈来愈神勇而有自信，并更大胆地说谎，最后会自己揭开自己的面具。

——

叔本华

说谎的人无非分两种：一种是说谎的人学识与常识都太浅薄了，所以一张嘴就是让人满头问号的疯话，听到最后你也很迷惑："这种事也能撒谎？"另一种就是过于想把自己包装成完美形象，人设从一开始立得太完美，后面只能不断地用谎言来掩盖谎言，最后只能在雪崩之前叫停。

时间是一把戳穿虚伪的刀，它验证了谎言，揭露了现实，淡化了承诺。

所谓日久见人心，不是时间长了人会变，只是面具掉了。

思路

在世人中间不愿渴死的人，必须学会从一切杯子里痛饮；在世人中间要保持清洁的人，必须懂得用脏水也能洗身。

——

尼采

如果一个蠢方法有效，那它就不是蠢方法。关键时刻，随手能用的东西，比虽然很厉害但不顺手的东西好 100 倍。

不要因为一个无解的问题而耽搁另外一个有解的问题，先做能做的，别为缺失的板块烦恼，别被看起来很严重的东西吓到，随时操起你手上有的家伙。

泳

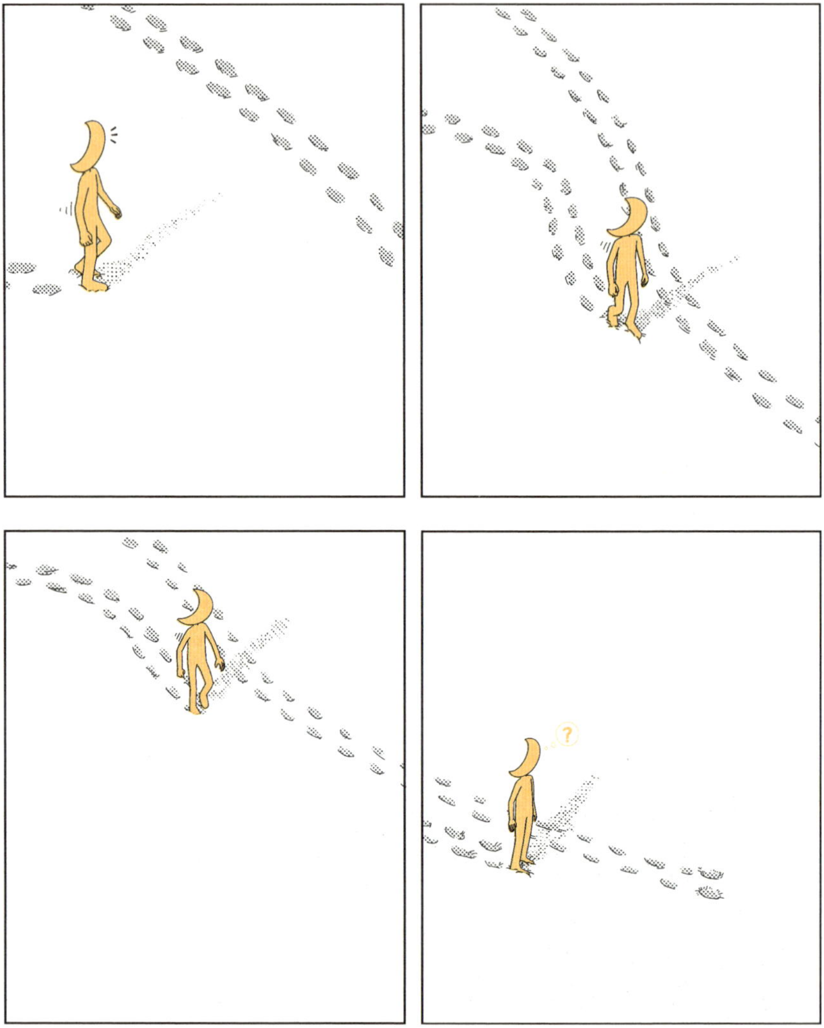

寻隐之一

寻隐之三

寻隐之四

寻隐之五

所有的人把时间花在了互相解释以及庆祝他们意见相同上。我的天，他们是有多看重“所有的人意见相同”这件事。

——

萨特

只要我们还在为坐等不来关注而哭闹，那就意味着我们在心理上仍未断奶。

总觉得有些事还可以完成得更好，总觉得有些遗憾还未填平，总觉得别人的看法好像更重要。一个个“总觉得”，让我们离自己本来的样子越来越远。

这个毛病得改。总不能因为这世上有人跟你“道不同”，就不好好走自己的路吧。

如果做任何事情总是试图得到别人的认同，那只能证明你做它的时候底气不足。表面上是寻求认同，实际上是为了铺设退路。

当自己的想法和别人的意见相左时，毫不犹豫地挺自己就完了。

一个强大内心的表现是：我永远认可我自己，我有勇气敞开心扉迎接一切新的变化和想法，我不会因为别人的反应而惶恐不安，不会因外界的评价而自我怀疑，我允许不认可的声音，但我不在意。

一个人的兴趣越广泛，他拥有的快乐机会就越多，而受命运拨弄的可能性也就越小，因为即使失去了某一种兴趣，他仍然可以转向另一种。

—

罗素

人生所有的迷惑和彷徨，都因我们缺乏热爱的东西。

从某种程度上来说，你爱的东西多一点，你爱这个世界就多一分，也更容易从苦闷中解脱出来。如果你爱电影，看到好电影你会开心；你爱吃，一顿美食就能解救你。跑步、瑜伽、画画、演唱会、旅行……都一样。

很微妙，你爱的东西，有时候就是能拉你一把的存在。如果你什么都无所谓，什么都提不起兴致，那么能让你开心的东西是少之又少的，别人想拉你一把，也无从下手。

向左走向右走之一

向左走向右走之二

我们不能期待别人随时体察我们的情绪，沉默换不来别人的帮助，如果我们需要帮助，就要用语言表达出来。

——

阿德勒

生命力顽强的主要特征是，哪怕是在最黑暗的环境里，也不放弃寻找那最微弱的光，并且在看到那丝微弱的光之后，无畏且不计代价地奔向它。这样的人会本能地去寻觅对自己的生命最有帮助的人，并坚决而坚持地奔向这些人寻求帮助，而不是被动、畏惧和悲哀地待在原处，等待别人来拯救他们。

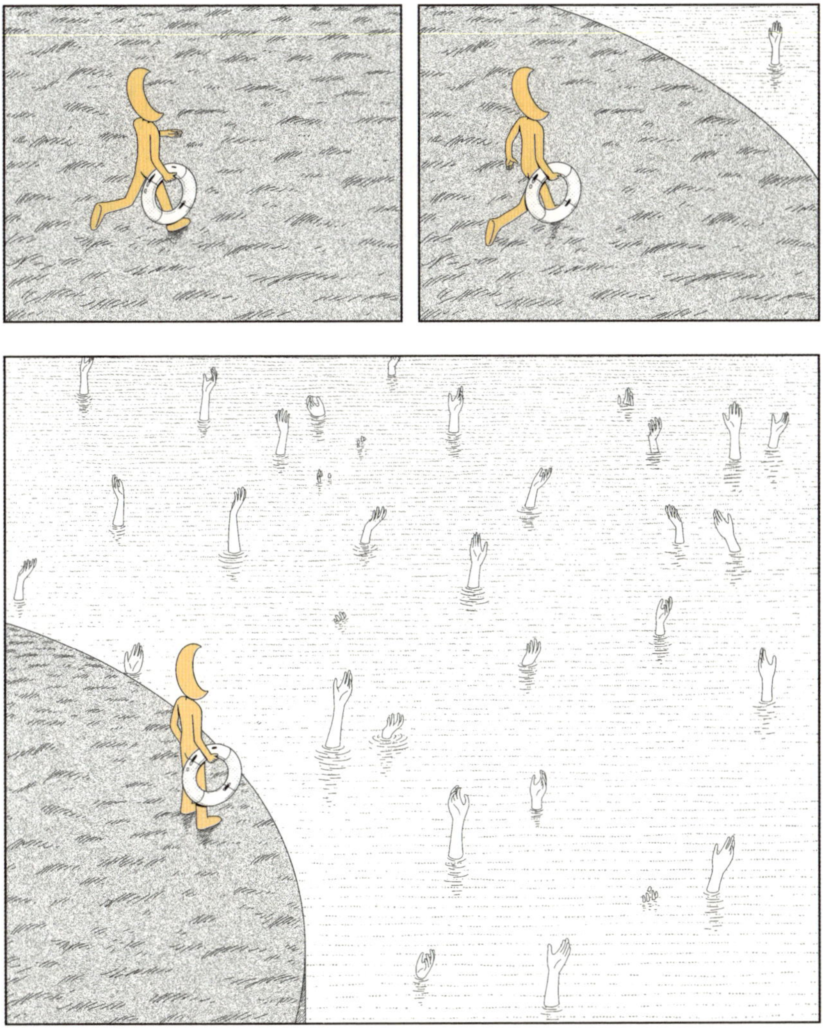

哗啦哗啦把自己的事业讲给大家听的人，他的价值一定是毫不足道的。切实苦干的人往往不是高谈阔论的，他们惊天动地的事业显示了他们的伟大，可是在筹划重大事业的时候，他们是默不作声的。

——

黑格尔

厉害的人都是闷声干大事的，基本上都是突然就官宣了，突然就升职了，突然就发财了，让所有人都惊掉下巴。不像有的人八字还没一撇就到处嘚瑟炫耀，要不就是才进行到上半场就开香槟庆祝，最后沦为笑柄。

能被看到的都是结果，在过程中都是暗自默默努力。要克服自己抖机灵、放狠话、吹牛的欲望，放下懒散和愚蠢，学会一言不发，默默耕耘。

偷偷努力的感觉是最好的，尤其是在尝到甜头之后。当没人知道你在做什么时，生活就会变得更好，这不是玄学，而是事物发展的必然规律。

下了决心要做的事，要保持不动声色，却心潮澎湃。你要偷偷厉害，万事才尽可期待。

比赛

最优秀的人，其实就是你自己。人生在世，知道自己需要什么只不过是本能；而懂得自己不需要什么，这却是一个人的智慧。

——

苏格拉底

要想生活过得好，就一个字：扔。扔掉不会再穿的衣服，扔掉过期的物品，扔掉无效的社交，扔掉无关紧要的或是消耗你的人。

想要开心快乐或者哪怕只是简单平淡地生活，最简单的方法就是清理不必要的执念，扔掉那些不再需要、不再喜欢的东西，给内心更多空间，留有一些位置放新的生活，人生才能更轻盈前行。

很多东西如果不是怕别人捡去，我们一定会扔掉。但是别忘了，扔掉垃圾，才能腾出手来接过礼物。

回收站

年轻时，我会向众生需索他们能力范围之外的：友谊长存，热情不减。如今，我明白只能要求对方能力范围之内的：陪伴就好，不用说话。

——

加缪

我们都有过对友情特别偏执、幼稚的时候，觉得我把你当成最好的朋友，你也必须把我当成最好的朋友。经历了一些事情之后终于明白，我们跟别人建立关系，是为了享受关系带来的愉悦和快乐，而不是将彼此束缚在一段期待值极高的固定关系里互相消磨。

人际关系，有时候是这样一回事：我用真心待你，但不执着于你。活在缘分中，而非关系里。

安慰

生活难以应付这个事实说明，你的生活方式不适应生活的模式，所以你必须改变你的生活方式。一旦你的生活方式适应生活的模式，疑难问题就随之消失。

——

维特根斯坦

虽然很多人说“只要自己能够出淤泥而不染，无论在哪里都能活得很精彩”，但事实是，假如脚底下是一摊烂泥的话，无论自己多么想要站起来，也绝对会摔倒。

生活的负循环，就是指你当下的生活状态、所作所为，是一种恶性循环，对你自己是透支的，而不是增值的。

绝大多数人的困境或者苦难，其实都来自“忍忍吧，懒得改变”，于是我们就陷入一种恶性循环里，周而复始，不得解脱，直到最后把工作搞砸、把生活搞砸、把人生搞砸。

消除痛苦的唯一办法就是——别陷进这个游戏逻辑。

永远不要舍弃灵魂中那个心高气傲的英雄，一切从尊敬一事无成的自己开始。

—

尼采

你根本不需要借由完成重要的事来证明自己的价值，因为你本身就是最重要的；你根本不需要大彻大悟或做出高尚行为去赋予自己人生意义，因为你本身就是最独特、最有意义的，你的重要性是无须证实的。

当你好好爱自己时，身体会释放一种很治愈的能量，每当别人被这种能量吸引，就会觉得非常温暖，于是下意识地更愿意爱你。这样就形成了一个良性循环。所以，如果想拥有更多的爱，还是应该先把自己放在第一位，之后你会发现整个宇宙都在偏爱你。

像你这样才华横溢的小朋友，就像汽水里的泡泡，会靠着自己的力量慢慢升起，没有事情可以阻止你。

我并不期待人生可以过得很顺利，但我希望碰到人生难关的时候，自己可以是它的对手。

——

加缪

诸事皆顺是很美好的祝愿，但人生真的很难一帆风顺，更多时候是关关难过关关过。

难关不会主动说话，却常在暗中助你成长。敲你以警醒，让你学会用深刻的视角审视生活，知晓世界真实的境况，不在表面的热闹里迷失自我；奖你以成事的机会，让你尽快走出懒惰，去风雨里修炼务实的本领；给予你真正的自信，眼前虽是一片废墟，但是只要站起来了，此后再没有任何人、任何事，能轻易把你推倒、打败。

渡河

事物本身是不变的，变的只是人的感觉。

——

叔本华

突然不喜欢一个人，是什么感觉？

他本来浑身是光，有那么一瞬间，突然就黯淡了，成为宇宙里一颗尘埃。你努力回想起他全身是光的样子，却怎么也想不起来。后来发现，那是第一次见到他时，你眼里的光。

你喜欢的人也是凡人，是你的喜欢为他镀上金身。有魔力的人是你，是你的心心念念，让这段感情变得弥足珍贵。

不必担心再也遇不到更好的人，你生来就值得被爱，这点你无须质疑。

光束

从今以后，别再过你应该过的人生，去过你想过的人生。

梭罗

十八岁你该上大学了，三十岁你该结婚生子了，三十五岁你应该进入管理层了……没有哪个年龄该做的事，只有这个年龄想做的事。

永远不要把世界活成理所当然的样子，你要留点精力去读书、去运动、去爱人，去奔赴你想要的生活，活成你自己的模样。

有时候为自己优先一下子，不是自私，而是必要。你是自己世界的主角，不要把自己的人生过成别人的附属品。去吃好吃的东西，去买想买的物品，去放松，去按摩，去摸猫猫狗狗，工作完就尽情娱乐，累了就尽情地睡觉。保持自己的幸福状态才能享受人生，心情好生活就会一帆风顺。

请把“优先考虑自己”放在首要位置，就当作是今年的人生作业吧。

去海边

千万不要忘记。我们飞翔得越高，我们在那些不能飞翔的人眼中的形象越是渺小。

——

尼采

当鱼儿们生活在广阔的大海中时会互帮互助，一旦把鱼儿放入狭窄的水槽中饲养，它们就会开始互相排挤欺凌。有些人之所以会霸凌他人，那是因为他们的世界非常狭隘。

要往高处走，要往远处看。站在山脚下，有人在山底骂你，你会很生气；爬到半山腰，有人在山底骂你，你就听不清了，以为他在和你打招呼；等你到了山顶，有人在山底骂你，你耳边只有呼呼风声，眼前尽是迷人风景。

蜻蜓

不要走在我后面，因为我可能不会引路；不要走在我前面，因为我可能不会跟随；请走在我身边，做我的朋友。

——

加缪

人和人的交流就像跳蹦床，你要碰到跟自己跳到同样频率、同样高度的人才能说上话，否则怎么做都是擦身而过。

不管是一起生活，还是一起玩，一定要找到那个和你在同频率、感觉像是被糖果包围的人。

他做不到的事从不要求你，会照顾你的情绪，懂你的黑色幽默，知晓你的难言之隐，有时通过眉目间就能传递心情。拉拉扯扯，打打闹闹，经年累月分享卑鄙和坦荡，把彼此从悲伤和孤独里拉扯出来，若无其事地簇拥着往前走。

人会在坏的关系里破碎，也会在好的关系里一遍遍被治愈，重要的是筛选，多和那些让你觉得幸福的朋友在一起，远离那些并不在乎你感受的人。

等雨

自由并不是为所欲为的权利或能力。自由源于我们对自身力量的局限以及自然界固有限制的理解。通过接受人生的种种限制和必然结果，并与之合作而不是抗争，你才能获得真正的自由。

——

爱比克泰德

你有追一晚上剧的自由，只要你能按时上交论文；你有享受夜生活的自由，只要第二天你能精神饱满地做好本职工作。自由是很难的，需要“为自己负责”的意志、勇气和能力。

没有自制力的人不足以谈自由，因为自由和山顶的空气相似，对弱者都是吃不消的。

完全自由

人生就像一座钟摆，欲望不满足则痛苦，欲望满足则无聊，人生在痛苦和无聊之间摇摆。

——

叔本华

人生不是逝去，而是充实。我们不是在“度过”每一天，而是在用自己所拥有的东西“填满”每一天。

一定还有什么东西是人生必需的，让那些被无聊填满的日子变得鲜活起来的东西，能够酝酿出幸福心情的东西，能够让人欢笑、喜悦、惊奇、心跳、期待、动心的美丽的东西。

请把时间分给睡眠，分给美食，分给书籍，分给运动，分给花鸟树木和山川湖海，分给你对这个世界的热爱，而不是将自己浪费在无聊的人和事上。当你开始做时间的主人，你会感受到平淡生活中喷涌而出的平静的力量，至于那些焦虑与不安，自然烟消云散。

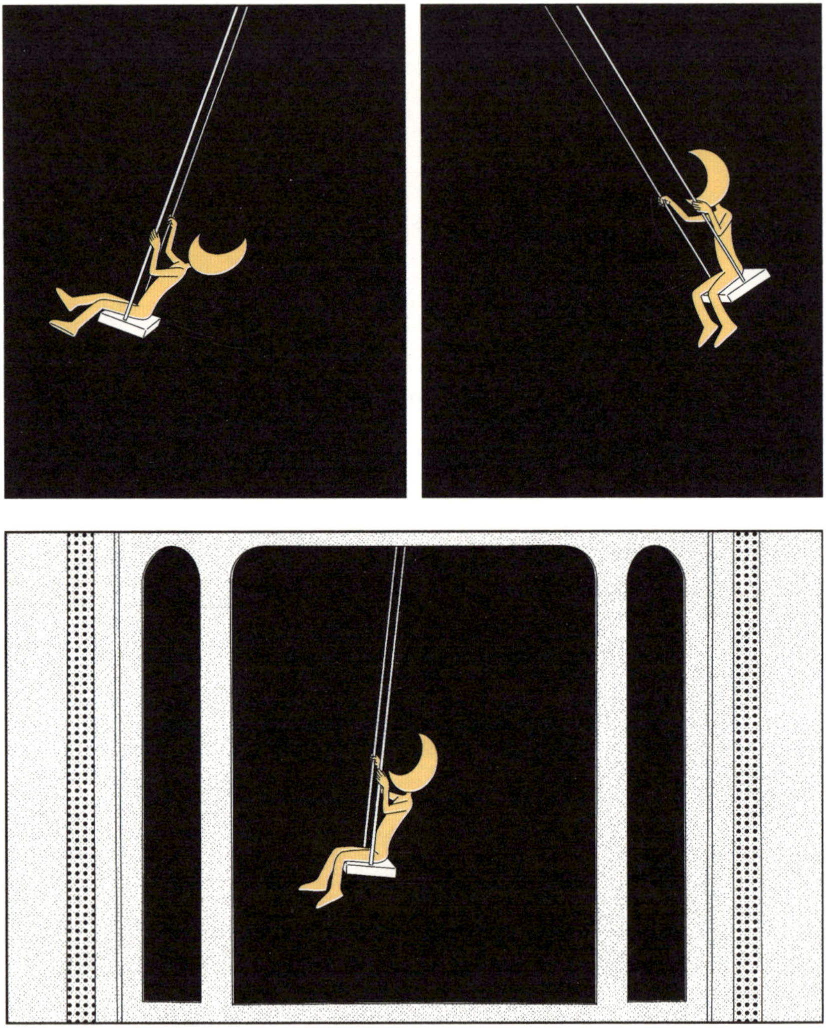

嘀嗒之一

一切美好的事物都是曲折地接近自己的目标，一切笔直都是骗人的，所有真理都是弯曲的，时间本身就是一个圆圈。

——

尼采

成年人的生活相当狂野，因为你必须每天醒来为自己的生活而战。

生活就像是蹦极。从做出决定，到纵身一跃，再到自由落体，每一步都很难，都需要极大的勇气和耐心，但自始至终你都很确定，死不了的。

日子就是有好有坏，如果一眼望到终点，大概也就没什么过头了。正是一次次捉襟见肘、进退失据，又一次次柳暗花明、绝境逢生，才让生命在其间缓缓铺陈章节。

太过顺利的人生是没有厚度的，一页纸就写完的故事有什么意思？

曲折

从根本上说，只有我们独立自主的思索，才真正具有真理和生命。因为，唯有它们才是我们反复领悟的东西。他人的思想就像别人食桌上的残羹，就像陌生客人脱下的旧衣衫。

——

叔本华

人云亦云，是最省力的思考方式，同时也是最快毁掉自己的方式。

有两种事尽量少干，一是用自己的嘴干扰别人的人生，二是靠别人的脑子思考自己的人生。

你的时间有限，不要被教条所限，不要活在别人的观念里。不要让别人的意见左右自己内心的声音。最重要的是，勇敢地去追随自己的心声和直觉，其他一切都是次要的。

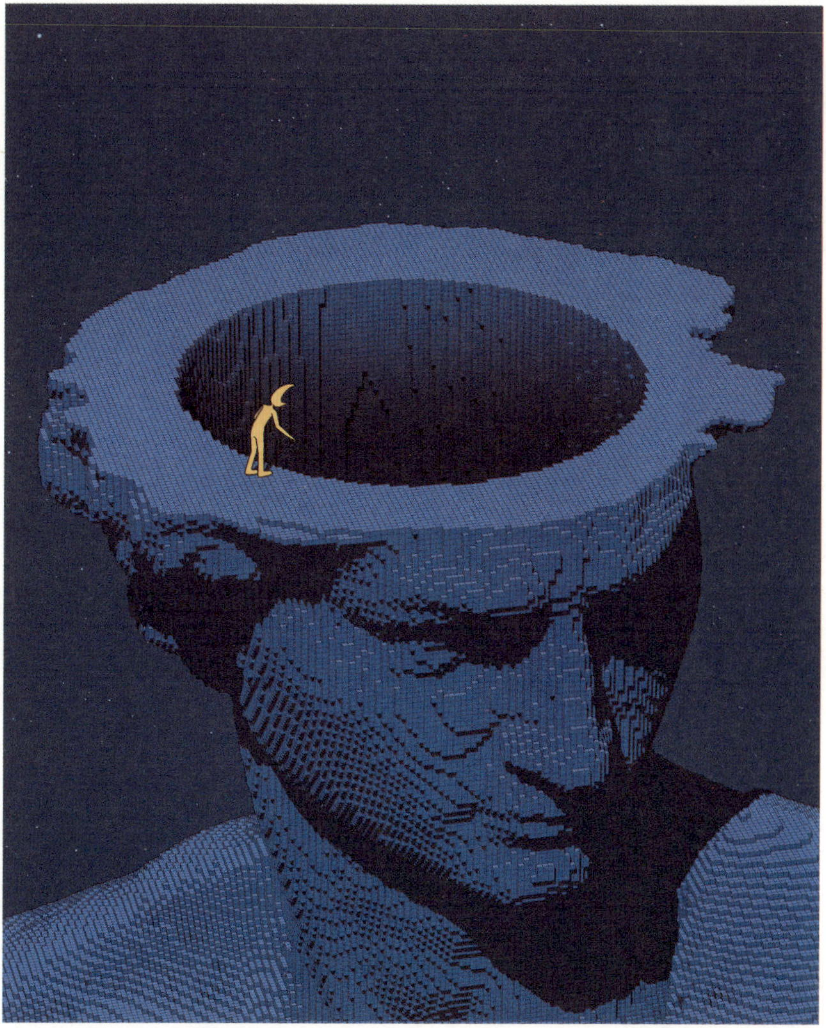

空空如也

人们面临很多虚假的需求，人们每天为了虚妄的幸福而奔波忙碌，身子太忙，脑子太闲。

——

马尔库塞

为了逃避做真正重要的事，我们会积极做很多琐事来忽悠自己：我很忙，还没有办法开始。

人的一生，其实就是时间和注意力分配的过程，你所专注的一切，反过来定义了你是谁，因此要格外珍惜你的注意力，认真选择你聚焦的对象。如果你只是不停被喧嚣带走你的注意力，或总是纠结于错误的人和事，迟早会被污染同化，成为你不想成为的人，白白浪费掉仅有一次的生命。

人生总会经历几次大大小小的迷茫期。这段时间里，要么去赚钱，要么去学习，要么就去接触新事物。别的也不要多想，一段时间后就会神奇地好起来的。

不论什么时候，学东西是学到自己脑子里，赚钱是赚到自己账户里，这两件事是骗不了人的。

一个人知道自己为什么而活，就可以忍受任何一种生活。

——

尼采

你要找到自己生活中的重点，其他的可以适当忽略，简单来说就是删繁就简。

如果你工作是为了赚钱养活自己，那就别在复杂的人际关系里浪费太多精力和时间，认真赚钱，提高生活品质才是重要的事。如果你跑步是为了自己身心舒畅，那就无须理会别人说的“你怎么跑这么久还没瘦啊”这样的鬼话。

只要知道自己真正想要什么，它就会变成你生命中的锚，一切外界的诱惑与热闹对于你来说都是无关之物。你就不会闲着没事在泥地里与猪打滚，不会斤斤计较拿不上台面的事。无论外面的风雨多猛烈，你的小船也不会偏离航线。

你只管朝心里的圣殿狂奔就是了，路上的妖魔鬼怪，你看也不要看。

流逝

真正的救赎，并不是厮杀后的胜利，而是能在苦难之中找到生的力量和心的安宁。

——

加缪

什么样的人最有吸引力？与生活交手，输了 100 次，第 101 次又站起来的人。他们像疾风里的野草，俯低又骄傲地仰起。在强大的命运面前，永葆自己鲜明的意志、顽强的战斗力，无时无刻不拼尽全力，不断地跌倒又爬起来，永远有勇气从头再来。

塑造他们的，是他们所经历的那些艰难时光，而非浮名虚利。他们所经历的每一次挫折，都会在灵魂深处种下坚韧的种子。他们所度过的每一次苦难，都会在日后成为支撑他们走下去的力量。

这样的人，如果你艳羡过、向往过，那么请你放下这些贪图，踏上征程，自觉走在“成为这样的人”的路上。

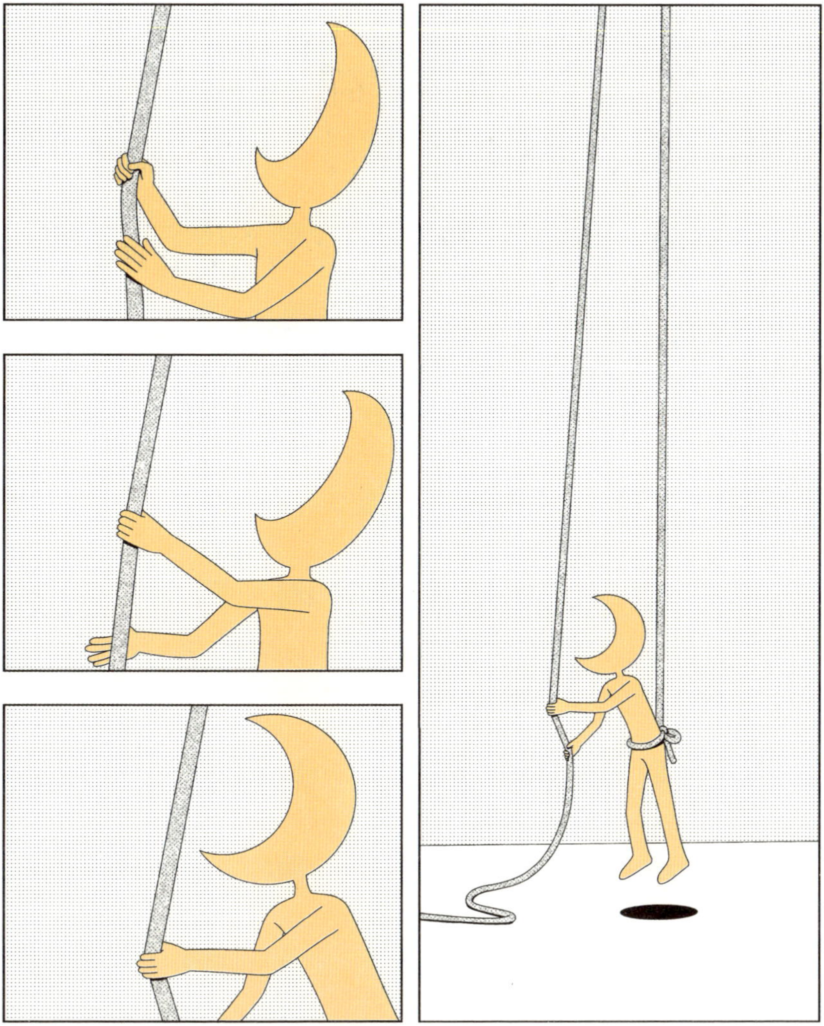

医治我们自己的悲伤是件很困难的事，因为我们就是这种悲伤的同谋。要医治他人的悲伤同样是很困难的事，因为我们也是悲伤的俘虏。

——

让·鲍德里亚

我们最应该学习的能力是“没那么容易感到受伤害”，就是不从他人对待我们与别人的差别之中解读什么，也不以一两次的糟糕境遇作为依凭，让自己感受到频繁的落差和灰心，从而有某种受伤感。

这世界没有不带伤的人，重要的不是治愈，而是带着伤痛活下去。

时间不是药，但药在时间里。不必急着去疗伤，先把自己带到阳光灿烂处，带到世界美好中，去拥抱崭新的经历。

你是来这个世界上享受爱与被爱的，是来看一年四季最美丽的风景的，是来看春风温柔抚摸树叶的，是来品尝最新鲜的麻辣小龙虾的，不要因为一点不快乐就灰心，那些难过啊、悲伤啊、不快乐啊，都只是为了这些花费的小小门票钱而已。

无论你从什么时候开始，重要的是开始后就不要停止。无论你从什么时候结束，重要的是结束后就不要悔恨。

——

柏拉图

按照墨菲定律的说法，如果事情有变坏的可能，不管这种可能性有多小，它总会发生。所以，请允许一切发生，生活不过是见招拆招。

让一切顺其自然地发生。不客气地说，人生就是一个麻烦接着一个麻烦，躲不掉，也逃不了。你要允许挫败，允许遗憾，允许后悔，允许别离，允许错轨和暴风雪，允许偶尔的情绪崩溃，允许自己拥有人生的阵痛，在这趟体验中尽情地感受，不要害怕，我们最终都会找到自己的轨道。

真正的强大不是忘记，而是接受。接受世事无常，接受孤独挫败，接受突如其来的无力感，接受自己的不完美，接受困惑、不安、焦虑和遗憾。调整好自己的状态，找到继续前行的力量，成为更好的自己。

迟疑

一定的忧愁、痛苦或烦恼，对每个人都是时时必需的。一艘船如果没有压舱物，便不会稳定，不能朝着目的地一直前进。

——

叔本华

快乐就像鲜花，难过像泥巴，为什么快乐里老有难过？因为鲜花离不开泥巴。

假如终日一味游玩作乐的话，游玩作乐就不再特别，就会变得毫无快乐可言。有痛苦才会有欢乐，如果一切都变成了欢乐，欢乐势必就会失去其之所以为欢乐的理由。

“如果没有悲伤与之平衡，‘快乐’这个词将失去意义。”

如果你独处时感到寂寞，这说明你没有和自己成为好朋友。

——

萨特

“你问我有哪些进步？我开始成为我自己的朋友。”

自己跟自己玩，是每个人都需要的能力。爱他人容易，有时出于本能就可以做到，爱自己却很难，要和自己的顽劣之处对抗再和解，要接受自己的技不如人、外在缺陷，还有命运偶尔给出的坏运气，但人这一生最重要的功课就是成为自己的朋友。

人生就是一场漫长的自娱自乐。讨别人欢心只是小聪明，每天都能讨到自己的欢喜才算大智慧。

接触

何谓积极生活？首先是踏访已知环境的热忱，其次是探测未知环境的勇敢，其三是从自己和环境的斡旋中找到乐趣。

——

阿兰·德波顿

人生是完全随机无序的，人类却总想在混乱中寻找规律，不肯承认自己只是在随波逐流，所以揭开谜团的小说、解释现状的阴谋论，往往最受欢迎。好像找到其中的关系，就能让人产生“万物背后都有规律”的错觉。

你只会循规蹈矩，世界哪敢给你惊喜。

人生还有很多可能性，未来的快乐和烦恼也应该像水果糖的花样口味，随机而不确定，每一口酸甜都是过关斩将，每一次尝试都是绝版体验。世界发展的速度快得过火，我们也没有理由一直活在规律里。

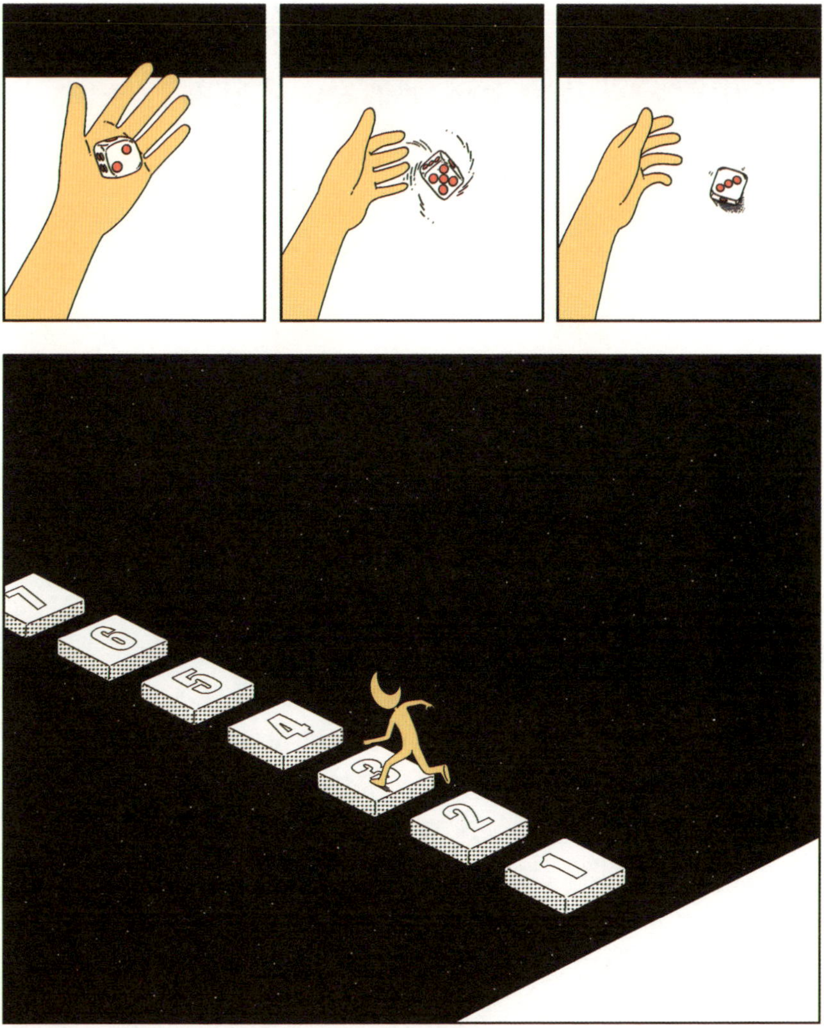

随机前行

当一个人处于不能克服无法避免的痛苦中时，就会爱上这种痛苦，把它看成幸福。

——

弗洛伊德

痛苦会让人上瘾，即使它让人不快，但是这种不愉快本身会产生舒适感和熟悉感，若一件事成了你的一部分，就很难去改变。

那些杀不死你的，未必会让你更强大，它们通常会使你更弱小，让你颤抖，语无伦次，祈求回到它们出现之前的日子。它们会一直藏在你的脑海里，偷偷损耗你的自我意识，让你认为自己真的很糟糕。

不要美化痛苦，把它当作你能有幸得到的人生教训；不要浪漫化自己的遭遇，以此显得自己很酷；不要假装原谅别人给自己造成的伤害，以此显得自己豁达。痛苦就是痛苦，美化痛苦是一种软弱，因为不敢鼓起勇气去面对真实世界。

如果痛苦无法避免，最好的办法就是接受它，然后结束它。

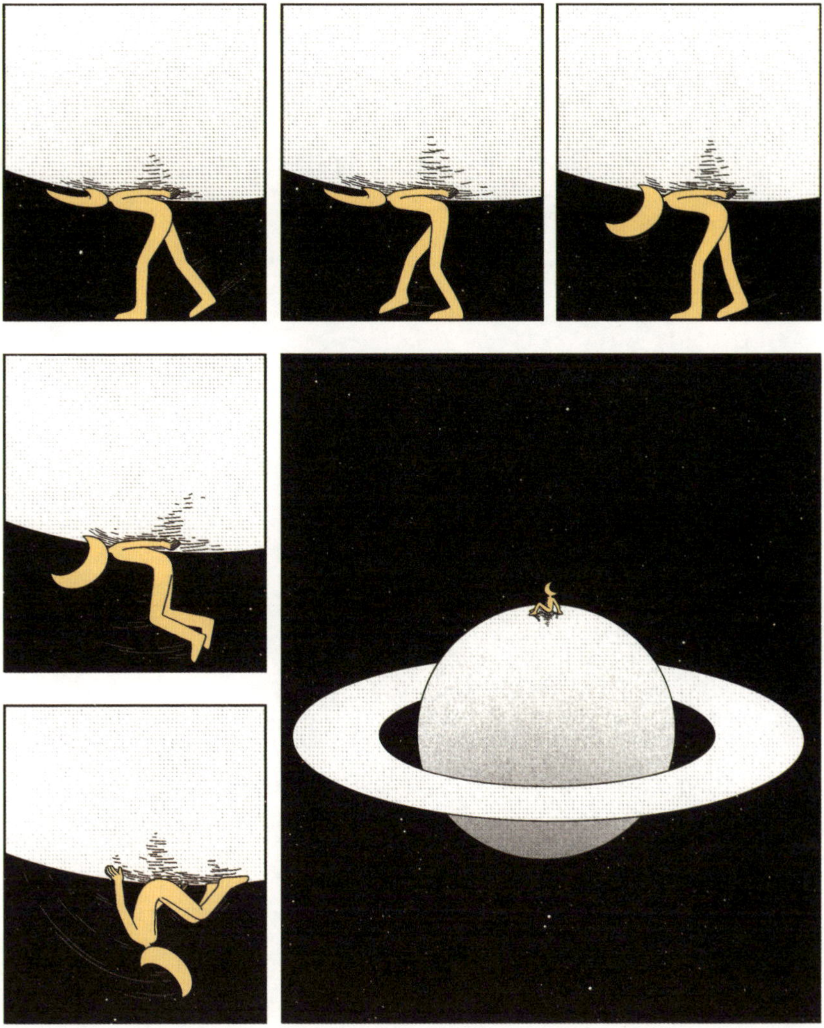

遇到有承认自己错误的机会，我是最为愿意抓住的，我认为这样一种回到真理和理性的精神，比具有最正确无误的判断还要光荣。

——

大卫·休谟

错误是这么一种东西，你把它推出门去，它迟早会从窗口再爬进来。

改正一个错误，不管是多大的代价，其实都是最小的代价，你改得越晚，付出的代价越大。往往是逃避了一辈子，发现错误了一辈子。是的，你喜欢抗拒的事，总是在持续。

接受自己看错人，承认自己不被爱着，接受自己的付出没有回报，承认自己的真诚有抵达不了的地方，为错误埋单，迅速撤离，调整好自己的状态，没什么好怕的。

人生没有一劳永逸，谁不是在生活这份答卷上，一边犯错，一边成长。选择对了，皆大欢喜，一路顺风顺水；选择错了，重整旗鼓，力求不再犯错。

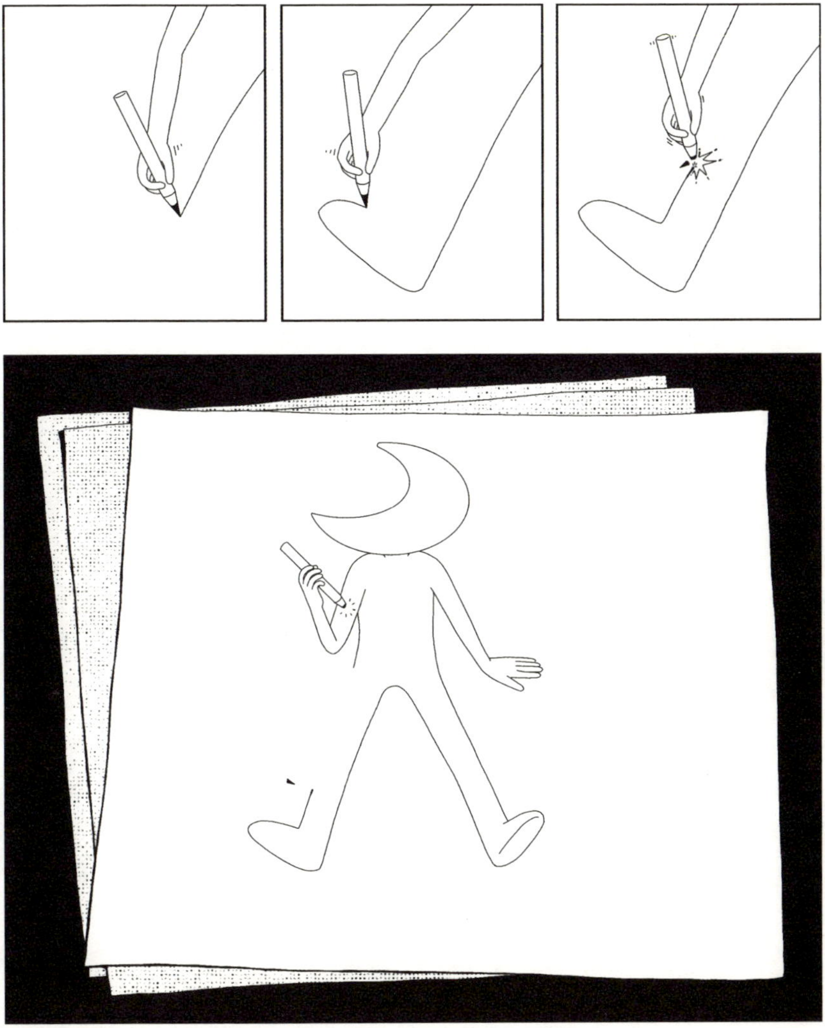

你连想改变别人的念头都不要有。要学太阳一样，只是发出光和热，每个人接收阳光的反应有所不同，有人觉得刺眼，有人觉得温暖，有人甚至躲避阳光。种子破土发芽前没有任何的迹象，是因为没到那个时间点。只有自己才是自己的拯救者。

——

卡尔·荣格

一只站在树上的鸟儿，从来不会害怕树枝断裂，因为它相信的不是树枝，而是自己的翅膀。

人生中总有几次至关重要的蜕变，可以让你变得更好，但只能靠自己完成。即便有很多人愿意帮你，对于这种事情往往也无能为力，并不是因为成长太难，只是如果你不肯独自面对，总指望别人施与援手的话，是没办法真正成长起来的。

世界之所以美妙，在于你无论怎么折腾，都可以走出一条适合自己的路，所以你才可以肆无忌惮地去闯、去浪、去疯狂；世界之所以美妙，在于没有人可以告诉你，接下来应该怎么做，只有你能决定自己活成什么样子。

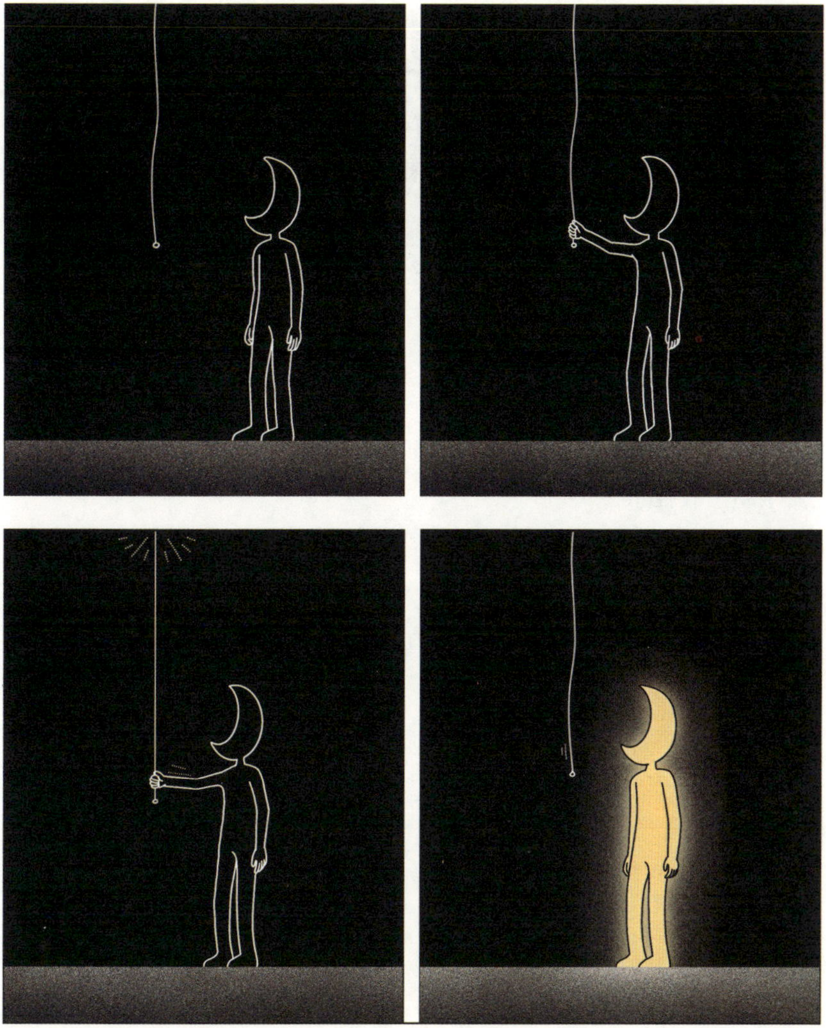

开灯

如果我们过于爽快地承认失败，就可能使自己发觉不了我们非常接近于正确。

——

卡尔·波普尔

许多赛跑的人失败都是失败在最后几步，跑“应跑的路”已经不容易，跑到尽头当然更困难。

如果做一件事情，能看到的结果注定是好的，别管眼前是否有成效，坚持下去。

你想变美，想有钱，想学业好，想活得从容不迫，坚持才会有反馈，还没得到正向反馈也不要放弃。

这世上的确总有幸运儿能一鸣惊人，但像我们这样，哪怕总是十分耕耘一分收获，就像攒塑料袋一样，攒得多了，遇到问题的时候，总有一个袋子可以装下它。

不够幸运没关系，不要停就行，你的坚持终会一点一滴穿成线、织成网，加倍返还给你。

也许你感觉自己的努力总是徒劳无功，但不必怀疑，你每天都离顶点更进一步。今天的你离顶点还遥遥无期，但你通过今天的努力，积蓄了明天勇攀高峰的力量。

——

尼采

有时候你认为的无法改变，可能只是暂时没看出效果而已，而不是不够努力。除却人类无法改变的事情，你所做的每一次努力，都在潜移默化地影响着你的人生轨迹。

尽自己的力量去做就是了。只要看到这一点就行：每天都前进一步，也许会倒退一点，可绝不会完全退回原处。从表面看好像白费力气，其实不会的。生活里的小小改变，不断地在发生，正是它带来的正向反馈，激励你迈出下一步。

人生就像是一个静止的飞轮，起初必须非常用力地推，才能使飞轮转动起来，但只要转起来，接下来就轻松多了，会越转越快。

登月

每做一件事，我们首先想到的就是别人会怎样看，人生中几乎有一半的麻烦与困扰就是来自我们对行动结果的焦虑。

——

叔本华

要想活得有力量，你要做的常常不是想办法让别人高兴，而是学着面对别人的不高兴。如果别人只要不高兴就能驱使你妥协，其实你也无法成为你自己。就算被审视、被说坏话、被讨厌，也没什么好在意的，因为“对方如何看待你”，那是对方的问题。擅自背负别人的问题，只会让自己感到痛苦。

你完全控制不了别人是如何看待你的，所以你最好还是想做什么就做什么。

冲出

后记

如果在原野，一个旅人

1

“一望无际的原野上，忽然出现一条道路。

旅人因此得到方向，同时失去整片原野。”

这是最近写的一则短句，后来画成四格漫画，有人解读出“因小失大”，也有人解读出“路径依赖”，当然，都是成立的。每个人都有解读的自由，我也有着自己的理解，它描述了我心中的某种困惑。

我的人生和许多人相似，从求学少年到求职青年，一路沿着父辈指教的道路埋头前行，等到成年后，才学会自己抬头看，发觉人生本是无边际的原野，而不是一条只有五斗米和六便士的单行道。回想昨日，不知所谓，展望明天，不知所往，于是一面瞻前顾后，徘徊于人满为患的道路中，一面又左右为难，鼓不起探索茫茫原野的勇气。

在这样的迷茫中，我开始重新寻找自己的方向。

2

2017 年，我重新捡起了荒废多年（准确地说，是从未真正开始）的爱好——画画。

原本打算只坚持一个月的每日一画，可飞轮一旦开始转动，竟再也停不下来，一直画到今天，第 2453 天。在日渐紧张的生活里，每天安静地画一幅画，已经成为我保持内心平和的仪式之一。

这本书中采用的“月亮人”系列无字漫画，正是在近两年的每日一画中诞生的。

而每日一画带来的最重要收获，就是让我更加确信“自己喜欢画画”。即使画画不能谋得稻粱，我依然觉得每幅画背后的一分一秒都没有浪费。

原野无边际，去往哪个方向都可以。但人大概只有找到真正热爱的事物，才能点燃内心的火焰，照见属于自己的道路，才会觉得一路跋涉也不虚此行。

3

我也重新捡起了曾经热爱但中断多年的阅读。

除了一直喜欢的文学和漫画，我也开始读更多社科类书籍，企图在前人的智慧里找到适合自己的答案。

马可·奥勒留告诉我，“一个人所拥有的只有现在”。塞涅卡则教导我，“允许他人掌控自己生活的人，显然不会有太多时间”，以及“罪恶诞生于软弱”。黑塞借悉达多提醒我，“不要被自己所追求的目标迷住双眼”。鲁米则像篝火，温暖身体也照亮眼睛，他说，“痛苦的解药，就在痛苦之中”……

我不敢说自己读懂了哪一位。或许，我所得到的只是自己一心所求的慰藉罢了。但对我而言，慰藉已经弥足珍贵。就这样，阅读也成为我保持内心平和的仪式之一。

原野无边际，走在哪个方向都难免心有疑虑。但因为有无数先哲的智慧，如夜幕中的群星指路，旅人才更容易看清方向和定位，不至于在茫茫黑夜里迷失自己。

4

今年年初的某一天，编辑丁小丁老师突然找到我，提出想采用我的“月亮人”系列漫画合作一本哲理图文集。

我有些意外，因为我一直将“月亮人”系列定为无字漫画，从未想过图文组合的展现形式。也有些惶恐心虚，因为哲人们的智慧太过经典，我怕自己的图不过是画蛇添足。但是，丁老师用她的设想打动了我：图和文之间既互相成全，其实又各自独立，对照着读和分开来读都可以，这也是这本书的趣味之一。自由属于读者。

就这样，这本一半哲文加一半漫画的书诞生了。像生活中许多其他的事一样，看似意外的偶然，又好像自有内在的必然。

人生就像在茫茫原野上夜行，充满未知，令人向往也令人恐惧。幸好，只要有心中火焰取暖，有头顶星光指路，人就不会缺少继续前行的勇气。希望这本书里所包含的一点星火，能为你提供穿越原野的小小勇气。

祝旅途愉快。

愚木混株

2023 年 9 月 19 日于上海